为爱下厨房，
洗手做"汤羹"

甘智荣　主编

吉林科学技术出版社

图书在版编目（ＣＩＰ）数据

为爱下厨房，洗手做"汤羹"/ 甘智荣主编. -- 长春：吉林科学技术出版社，2015.2
ISBN 978-7-5384-8702-2

Ⅰ.①为… Ⅱ.①甘… Ⅲ.①保健－汤菜－菜谱
Ⅳ.① TS972.122

中国版本图书馆 CIP 数据核字（2014）第 302050 号

为爱下厨房，洗手做"汤羹"

Weiai Xiachufang Xishou Zuo Tanggeng

主　　编　甘智荣
出 版 人　李　梁
责任编辑　李红梅
策划编辑　黄　佳
封面设计　闵智玺
版式设计　谢丹丹
开　　本　723mm×1020mm　1/16
字　　数　200千字
印　　张　15
印　　数　10000册
版　　次　2015年2月第1版
印　　次　2015年2月第1次印刷

出　　版　吉林科学技术出版社
发　　行　吉林科学技术出版社
地　　址　长春市人民大街4646号
邮　　编　130021
发行部电话/传真　0431-85635177　85651759　85651628
　　　　　　　　　　 85677817　85600611　85670016
储运部电话　0431-84612872
编辑部电话　0431-86037576
网　　址　www.jlstp.net
印　　刷　深圳市雅佳图印刷有限公司

书　　号　ISBN　978-7-5384-8702-2
定　　价　29.80元

前言 PREFACE

当夜色降临，天色渐晚，鸟儿归巢，人们回家，家家户户亮起灯，主妇们拎着刚买回来的菜，洗菜、开火，在厨房里炖上一锅香浓的汤，这是多么能够抚慰人心的温暖。家里的味道总是让人牵肠挂肚，尤其是家里常做的那一碗汤的味道。这种味觉和嗅觉的记忆力是最为经久、强烈的，也是最吸引人的。夏天一碗消暑解渴的绿豆汤，冬天一碗暖心暖胃的羊肉汤，这永远都是餐桌上永恒不变的吸引力。

本书就是一本教您煲汤的书。从孩子到老人，从春夏秋冬到体质调养，我们是羹汤菜谱随您所愿，应有尽有。

首先，第一章中我们先为您介绍一些关于煲汤的基础知识，包括煲汤的原则、煲汤基本流程、煲汤器具的选择和煲汤过程中的注意事项，希望这些内容能够为您煲出一锅好汤打下一个好的基础。

如果您的家里有孩子，可以经常煲一些健脑益智、增高助长的羹汤给孩子喝；如果家里有长辈，可以煲一些补钙、易于消化的羹汤给长辈喝；男性工作压力大，经常熬夜加班，可以喝一些减压、强身健体的羹汤；女性更要懂得保养自己，常喝一些补血养颜的羹汤。因此，在第二章中，我们为您分别适合儿童、男性、女性和老年人的羹汤菜谱。

在第三章中，我们挑选了日常生活中最常见的汤品，按照清补素汤、浓郁禽肉汤、鲜美海鲜汤的分类为您呈现，让您有更多的选择。

每个季节有不同的气候变化，煲汤也要随着时节的变化而变化。春天要疏肝理气，夏天要消暑开胃，秋天要滋阴润燥，冬天要温补肾阳，这些都是煲汤养生的重要方面。在第四章中，我们就为您分别介绍适合四季饮用的羹汤。

我国传统中医将人体大致分为平和体质、阳虚体质、阴虚体质、气虚体质、痰湿体质、湿热体质、气郁体质、血瘀体质、特禀体质9种体质，我们在第五章中，分别介绍适合这9种体质的养生羹汤，让您的饮食养生更加具有针对性。

希望您的餐桌上，每天都有一碗好汤。

CONTENTS 目录

Part 1 掌握煲汤常识，用爱煲一锅好汤

Part 2 爱心暖全家，汤羹滋味浓

Part 3 经典汤羹美，素手调羹忙

Part 4 寒来暑往，一碗汤羹滋味长

Part 5 体质不同,汤羹调养有良方

掌握煲汤常识，
用爱煲一锅好汤

　　想要用爱煲一锅好汤，先要掌握一些基本的煲汤常识，选好食材，选对锅具，懂得洗、切、焯、煮、炖的方式方法和使得汤更加鲜美的诀窍。只有先掌握好这些煲汤常识，才能煲出一锅有爱、有营养的好汤。本章中，我们分别为您介绍煲汤养生的原则、煲汤的基本流程、煲汤器具的选择以及一些方便实用的煲汤小窍门。希望这些煲汤常识能够帮助您煲出一锅好汤。

煲汤养生的原则

煲汤想要达到滋补养生的效果，就需要懂得食材的性味和滋补功效。只有掌握了这些，才能够更好地发挥汤羹的养生效果。

——〔酸、苦、甘、辛、咸，五味各不同〕——

"五味"为酸、苦、甘、辛、咸五种味道，分别对应人体五脏，酸对应肝、苦对应心、甘对应脾、辛对应肺、咸对应肾。

（1）酸味食材——能收、能涩

酸味食物对应于肝脏，大体都有收敛固涩的作用，可以增强肝脏的功能，食用酸味还可开胃健脾、增进食欲、消食化积，如山楂。

另外，酸性食物还能杀死肠道致病菌，但不能食用过多，否则会引起消化功能紊乱，引起胃痛等症状。

酸味代表食材有山楂、乌梅、荔枝、葡萄、橘子、橄榄、西红柿、枇杷、醋等。

（2）苦味食材——能泻、能燥、能坚

苦味食材有清热、泻火、除燥湿和利尿的作用，与心对应，可增强心的功能，多用于治疗热证、湿症等病症，但食用过量，也会导致消化不良。

苦味代表食材有苦瓜、茶叶、青果、苦菊、杏仁、莲子心等。

（3）甘味食材——能补、能和、能缓

甘味食材有补益、和中、缓急的作用，可以补充气血、缓解肌肉紧张和疲劳，多用于滋补强壮、缓和因风寒引起的痉挛、抽搐、疼痛，适用于虚证、痛症。

甘味对应脾，可以增强脾的功能，但食用过多会引起血糖升高，胆固醇增加，导致糖尿病、高血脂等。

甘味代表食材有莲藕、茄子、胡萝卜、丝瓜、牛肉、羊肉等。

（4）辛味食材——能散、能行

辛味食材有宣发、发散、行血气、通血脉的作用，可以促进肠胃蠕动，促进血液循环，适用于表证、气血阻滞或者风寒湿邪等病症。但是，过量食用辛味食物会使肺气过盛，痔疮、便秘的老年人要少吃。

辛味代表食材有大葱、大蒜、香菜、洋葱、芹菜、辣椒、胡椒、花椒、茴香、韭菜、萝卜、白酒等。

（5）咸味食材——能下、能软

咸味食材有通便补肾、补益阴血的作用，常用于治疗热结便秘等症。

当发生呕吐、腹泻不止时，适当补充些淡盐水可有效防止发生虚脱。但心脏病、肾脏病、高血压的老年人不能多吃。

咸味代表食材有海带、海藻、海参、蛤蜊、猪肉、盐等。

——————〔绿、红、黄、白、黑，五色养五脏〕——————

"五色"为绿、红、黄、白、黑五种颜色，也分别与五脏相对应，能起到一定的滋补作用。五色养五脏的具体对应情况为：绿色养肝、红色养心、黄色养脾、白色养肺、黑色养肾。

（1）绿色食材——护肝

绿色食物中富含膳食纤维，可以清理肠胃，保持肠道正常菌群繁殖，改善消化系统，促进胃肠蠕动，保持大便通畅，有效减少直肠癌的发生。

绿色食物是人体的"清道夫"，其所含的各种维生素和矿物质，能帮助体内毒素的排出，能更好地保护肝脏，还可明目，对老年人眼干、眼痛，视力减退等症状，有很好的食疗功效。

我们日常食用的绿色食物主要有菠菜、枸杞叶、韭菜、苦瓜、绿豆、青椒、韭菜、大葱、芹菜、油菜等。

（2）红色食材——养心

红色食物中富含番茄红素、胡萝卜素、氨基酸及铁、锌、钙等矿物质，能提高人体免疫力，有抗自由基、抑制癌细胞的作用。

红色食物如辣椒等可促进血液循环，缓解疲劳，驱除寒意，给人以兴奋感。

我们日常食用的红色食物主要有红枣、牛肉、猪肉、羊肉、红辣椒、西红柿、胡萝卜、红薯、红豆、苹果、樱桃、西瓜等。

（3）黄色食材——健脾

黄色食物中富含维生素C，可以抗氧化、提高人体免疫力，同时也可延缓皮肤衰老、维护皮肤健康。

黄色蔬果中的维生素D可促进钙、磷的吸收，有效预防老年人骨质疏松症。

我们日常食用的黄色食物主要有玉米、黄豆、柠檬、木瓜、柑橘、菠萝、黄桃、柿子、番薯、香蕉、蛋黄、姜等。

（4）白色食材——润肺

我们日常食用的白色食物有多种功效。

白色食物中的米、面等主食食材富含碳水化合物，是人体维持正常生命活动不可或缺的能量之源。白色蔬果富含膳食纤维，能够滋润肺部，提高免疫力。白肉富含优质蛋白。白色的豆腐、牛奶富含钙质。

我们日常食用的白色食物主要有银耳、杏仁、莲子、白米、面食、白萝卜、豆腐、牛奶、鸡肉、鱼肉等。

（5）黑色食材——固肾

黑色食品含有多种氨基酸及丰富的微量元素、维生素和亚油酸等营养素，可以养血补肾，有效改善虚弱体质，同时还能提高机体的自愈能力。

黑色食物中富含的黑色素类物质可以清除体内自由基，富含的抗氧化成分能促进血液循环、延缓衰老，对老年人有很好的保健作用。

我们日常食用的黑色食物有黑枣、木耳、黑芝麻、黑豆、黑米、海苔、海带、紫菜、香菇、乌鸡等。

煲汤过程中的注意事项

准备好了食材，就要看在煲汤的基本流程方面有哪些需要注意的事情了。下面的内容为您介绍，在煲汤的过程当中，有哪些需要注意的事情。

〔注意主料和调味料的搭配〕

常用的花椒、生姜、胡椒、葱等调味料，这些都有去腥增香的作用，一般都是少不了的，针对不同的主料，需要加入不同的调味料。比如烧羊肉汤，由于羊肉膻味重，调料如果不足的话，做出来的汤就是涩的，这就得多加姜片和花椒了。

但是，调料多了也有一个不好的地方，就是容易产生太多的浮沫，这就需要大家在做汤的后期自己耐心地将浮沫打掉。

〔选择优质合适的配料〕

一般来说，根据所处的季节的不同，加入时令蔬菜作为配料，比如炖酥肉汤的话，春夏季就加入菜头做配料，秋冬季就加白萝卜。

对于那些比较特殊的主料，需要加特别的配料，比如，牛羊肉烧汤吃了就很容易上火，就需要加去火的配料，这时，萝卜就是比较好的选择了，二者合炖，就没那么容易上火了。

〔原料应冷水下锅制作〕

煲汤的原料一般都是整只整块的动物性原料，如果投入沸水中，原料表层细胞骤受高温易凝固，会影响原料内部蛋白质等物质的溢出，成汤的鲜味便会不足。煲汤讲究一气呵成，不应中途加水，因这样会使汤水温度突然下降，肉内蛋白质突然凝固，再不能充分溶解于汤中，也有损于汤的美味。

〔应注意加水的比例〕

原料与水按1：1.5的比例组合，煲出来的汤色泽、香气、味道最佳，对汤的营养成分进行测定，汤中氨态氮（该成分可代表氨基酸）的含量也最高。

〔要将汤面的浮沫打净〕

浮沫是提高汤汁质量的关键。如煲猪蹄汤、排骨汤时，汤面常有很多浮沫出现，这些浮沫主要来自原料中的血红蛋白。水温达到80℃时，动物性原料内部的血红蛋白才不断向外溢出，此刻汤的温度可能已达90～100℃，这时打浮沫最为适宜。可以先将汤上的浮沫舀去，再加入少许白酒，不但可分解泡沫，又能改善汤的色、香、味。

〔掌握好调味料的投放时间〕

制作煲汤时常用葱、姜、料酒、盐等调味料，主要起去腥、解腻、增鲜的作用。要先放葱、姜、料酒，最后放盐。如果过早放盐，就会使原料表面蛋白质凝固，影响鲜味物质的溢出，同时还会破坏溢出蛋白质分子表面的水化层，使蛋白质沉淀，汤色灰暗。

〔掌握好火候〕

煲汤主要是以大火煲开、小火煲透的方式来烹调。据实验：一条大黄鱼放入油锅内炸，当油温达到180℃时，鱼的表面温度达到100℃左右时，鱼的内部温度也只有60～70℃左右。因此，在烧煮大块鱼、肉时，应先用大火烧开，小火慢煮，原料才能熟透入味，并达到杀菌消毒的目的。此外，原料体中还含有多种酶，酶的催化能力很强，它的最佳活动温度为30～65℃，温度过高或过低其催化作用就会变得非常缓慢或完全丧失。因此，要用小火慢煮，以利于酶在其中进行分化活动，使原料变得软烂。利用小火慢煮肉类原料时，肉内可溶于水的肌溶蛋白、肌肽肌酸、肌酐秒量氨基酸等会被溶解出来。这些含氮物浸出得越多，汤的味道越浓，也越鲜美。另外，小火慢煮还能保持原料的纤维组织不受损，使菜肴形体完整。同时，还能使汤色澄清，醇正鲜美。

煲汤器具的选择

煲汤需要好的器具才能有良好的效果，煲汤器具直接影响到一锅汤的色、香、味、形，下面就来看一下，煲汤器具要如何选择。

〔汤锅〕

汤锅是家中必备的煲汤器具之一。有不锈钢和陶瓷等不同材质，可用于电磁炉。若要使用汤锅长时间煲汤，一定要盖上锅盖慢慢炖煮，这样可以避免过度散热。

〔漏勺〕

漏勺可用于食材的汆水处理，多为铝制。煲汤时可用漏勺取出汆水的肉类食材，方便快捷。滤网是制作高汤时必须用到的器具之一。制作高汤时，常有一些油沫和残渣，滤网便可以将这些细小的杂质滤出，让汤品美味又美观。可在煲汤完成后用滤网滤去表面油沫和汤底残渣。

〔汤勺〕

汤勺可用来舀取汤品，有不锈钢、塑料、陶瓷、木质等多种材质。煲汤时可选用不锈钢材质的汤勺，耐用、易保存。塑料汤勺虽然轻巧隔热，但长期用于舀取过热的汤品，可能产生有毒化学物质，不建议长期使用。

〔瓦罐〕

煲汤最地道的工具还是质地细腻的沙锅、瓦罐，其保温能力强，但不耐温差变化，主要用于小火慢熬。新买的瓦罐应先用来煮粥或是锅底抹油放置一天后再洗净煮一次水。经过这道开锅手续的瓦罐使用寿命更长。

煲汤小窍门

煲汤是需要技巧的，下面将为大家介绍许多煲汤的小窍门，相信对你煲好一锅美味的汤有很大的帮助！

〔煲汤时要善用原汤、老汤〕

煲汤时要善用原汤、老汤，没有原汤就没有原味。例如，炖排骨前将排骨放入开水锅内汆水时所用之水，就是原汤。如嫌其浑浊而倒掉，就会使排骨失去原味，如将这些水煮开除去浮沫污物，用此汤炖排骨，才能真正炖出原味。

〔使汤更营养的秘诀〕

第一是懂药性。比如煲鸡汤时，为了健胃消食，就加肉蔻、砂仁、香叶、鸡内金等；为了补肾壮阳，就加山萸肉、丹皮、泽泻、山药、熟地黄、茯苓等；为了给女性滋阴养颜，就加红枣、黄芪、当归、枸杞等。

第二是懂肉性。煲汤一般以肉为主。比如乌鸡、黄鸡、鱼、排骨、龙骨、猪脚、羊肉、牛骨髓、牛尾、羊脊等，肉性各不相同，有的发、有的酸、有的热、有的温，入锅前处理方式也不同，入锅后火候也不同，需要多少时间也不同。

第三是懂辅料。常备煲汤辅料有霸王花、梅干菜、海米、花生、枸杞、西洋参、草参、银耳、木耳、红枣、八角、桂皮、小茴香、肉蔻、草果、陈皮、鱿鱼干、紫苏叶等，搭配有讲究，入锅有早晚。

第四是懂配菜。煲汤时很少仅喝汤解决一餐，还要吃其他菜，但有的会相克，影响汤性发挥。比如喝羊肉汤不宜吃韭菜，喝猪脚汤不宜吃松花蛋与蟹类等。

第五是懂装锅。一般情况下，猛火烧开后撇去浮沫，微火炖至汤余50%～70%即可。

第六是懂入碗。根据不同汤性，有的先汤后肉，有的汤与料同食，有的先料后汤，有的喝汤弃料，符合要求就最大限度发挥效用，反之影响效果。

〔炖各种肉类的快熟法则〕

炖肉可以保持肉的醇香味，是许多人喜爱的食物，但是炖肉不容易熟又使人们很难耐心等待。下面介绍几种肉类的炖法，使你可以在短时间内吃到香喷喷的炖肉。

炖牛肉：炖牛肉时可用干净的白布包一些茶叶同煮，这样炖出来的牛肉易烂，而且有特殊的香味。

炖猪肉：可以往锅中放一些山楂。

炖羊肉：在水中放一些食用碱。

炖鱼：在锅中放几颗红枣，即可除腥，又易熟。

〔煲骨头汤的小窍门〕

因为骨头中的类黏朊物质最为丰富，如牛骨、猪骨等，可把骨头砸碎，按1：5的比例加水小火慢煮。切忌用大火猛烧，也不要中途加冷水，因为那样会使骨髓中的类黏朊不易溶解于水中，从而影响食效。

〔骨汤增钙的诀窍〕

熬骨汤时若加进少量的食醋，可大大增加骨中钙质在汤水中的溶解度，成为真正的多钙补品。

〔煲腔骨防止骨髓流失的窍门〕

煲腔骨汤时，如果煲的时间稍长，其中的骨髓就会流出，导致营养流失，而煲的时间过短，腔骨中的营养素又不能充分溶解到汤中。能不能找到一个两全其美的办法呢？为防止骨髓流出来，可用生白萝卜块堵住腔骨的两头，这样骨髓就流不出来了。

〔炖老鸡四法〕

①在炖老鸡的汤里，放入一两把黄豆同煮，鸡肉易烂。

②老鸡宰杀前，先灌一汤匙醋然后再杀，用慢火炖煮，可烂得快些。

③在炖老鸡的汤里放几粒凤仙花籽或三四个山楂，也可加快烂熟。

④但凡老的鸡、鸭、鹅都很难煮酥烂，只需取猪胰一块，切碎后与老禽同烹煮，就容易煮熟烂，而且汤鲜入味。

〔炖鸡不要先放盐〕

炖鸡如果先放盐，会直接影响到鸡肉、鸡汤的口味、特色及营养素的保存。

这是因为鸡肉含水分较高，有的高达65%~90%，而食盐具有脱水作用，如果在炖制时先放盐，使鸡肉在盐水中浸泡，组织中的细胞水分向外渗透，蛋白质被凝固，鸡肉组织明显收缩变紧，影响营养向汤中溶解，妨碍汤汁的浓度和质量，使炖熟后的鸡肉变硬、变老，汤无香味。

因此，炖鸡时正确放盐法是，将炖好的鸡汤降温至80~90℃时，再加适量的盐，这样鸡汤及肉质口感最好。

〔什么鱼最适合做汤〕

鱼汤以鲜美为贵，而用于做汤的鱼以鳜鱼、鲫鱼味道最佳。鳜鱼和鲫鱼都是淡水鱼类，肉嫩、质细、营养价值高、出汤率高，特别适合病人、老人和产妇食用。

〔煲鱼汤三法〕

①先将鲜鱼去除鳞、去除内脏，清洗干净，放到开水中烫三四分钟捞出来，放进烧开的汤里，再加葱段、姜片、盐，改用小火慢煮，待出鲜味时，离火，滴上少许香油即可。

②将洗净的鲜鱼放入油锅中煎至两面微黄，然后冲入开水，并加葱、姜，先用旺火烧开，再放小火煮熟即可。

③将清洗净的鲜鱼控去水分，备用；锅中放油烧热，先用葱段、姜片炝锅并且煸炒一下，待葱变黄、出香味的时候，冲入开水，旺火煮沸后，放进鱼，旺火烧开，再改小火煮熟即可。

〔汤太咸怎么补救〕

很多人都有过这样的经历，做汤过程中，一不小心盐放多了，汤变得太咸。硬着头皮喝吧，实在难入口，倒掉吧，又可惜，到底要怎么办呢？

其实没解决的办法很简单。

只要用一个小布袋，里面装进一把面粉或者大米，放在汤中一起煮，咸味很快就会被吸收进去，汤自然就变淡了。

另外，也可以把一个洗净去皮的生土豆放入汤内煮5分钟，汤也可以变淡。

〔汤太油怎么补救〕

有些含脂肪比较多的原料煮出来的汤特别油腻。如果遇到这种情况，不用着急，有好几种解决的方法：

一种办法是使用市面上卖的滤油壶，把汤中过多的油分滤去。

如果手头上没有滤油壶，可采用第二种办法，将少量紫菜置于火上烤一下，然后撒入汤内，紫菜可吸去过多油脂。

如果在煲汤时放入几块新鲜橘皮，就可以大量吸收油脂，汤喝起来就没有油腻感，而且味道很好。

另外，还可以用一块布包上冰块，从油面上轻轻掠过，汤面上的油就会被冰块吸收。冰块离油层越近越容易将油吸干净。

〔煲汤药材的选择窍门〕

如果你的身体火气旺盛，就要选择性甘凉的汤料，如绿豆、薏米、海带、冬瓜、莲子，以及剑花、鸡骨草等清火、滋润类的中草药；如果你的身体寒气过剩，那么就应选择一些性热的汤料，如参等。冬虫夏草、参之类的草药在夏季是不宜入汤的。即使在秋冬季，滋阴壮阳类的大补草药，也并不适合年轻人和小孩子。

〔煲汤配药材小技巧〕

具有食疗功效的汤，亦即药膳的配伍，是以中医和中药的理论为指导，既要考虑到药物的性味、功效，也要考虑到食物的性味和功效，二者必须相一致、相协调，不可性味、功效相反，不然非但起不到保健身体、治疗疾病的食养、食疗作用，反而可能引致不同程度的副作用。

比如，辛热的附子不宜配甘凉的鸭子，宜与甘温的食物配伍，附片羊肉汤即是；清热泻火的生石膏不宜与温热的狗肉配伍，宜与甘凉的食物配伍，豆腐石膏汤即是。

食物中属平性者居多，平性之品，配热则热，配凉则凉，随药物之性而转变，这就大大方便了药食配伍的选择。

〔陈年瓦罐煨鲜汤效果好〕

瓦罐是由不易传热的石英、长石、黏土等原料配合成的陶土经过高温烧制而成，其通气性、吸附性好，还具有传热均匀、散热缓慢等特点。

煨制鲜汤时，瓦罐能均衡而持久地把外界热能传递给内部原料，相对平衡的环境温度有利于水分子与食物的相互渗透，这种相互渗透的时间维持得越长，食材鲜香成分溢出得越多，煨出的汤的滋味就越鲜醇，被煨食品的质地就越酥烂。

Part 2

爱心暖全家，汤羹滋味浓

要满足全家人的营养需求，煲汤是一种非常好的选择。汤羹滋味醇厚，只要选择好的食材，用合适的方法，就能够最大程度地保留食物中的营养，满足家人的营养需求。

但是全家人各有不同的营养需求。孩子需要健脑益智、增高助长，老人需要益寿延年，男性需要强身健体，女性需要补血益气。因此，在本章中，我们根据各类人群的具体营养需求，分别给出了精选的汤品菜谱，供您选择。

儿童营养汤

鸡汤肉丸炖白菜

◉难易度：★☆☆　◉功效：增强免疫

烹饪时间
Time
26分钟

◉ 原 料

白菜170克，肉丸240克，鸡汤350毫升

◉ 调 料

盐2克，鸡粉2克，胡椒粉适量

◉ 做 法

◉ 烹饪小提示

白菜煮的时间不宜过长，以免营养成分流失。

❶ 洗净的白菜切去根部，掰开；在肉丸上切花刀，备用。

❷ 砂锅中注水烧热，倒入备好的鸡汤，放入肉丸。

❸ 烧开后用小火煮20分钟，倒入白菜,搅拌均匀。

❹ 加入盐、鸡粉、胡椒粉，拌匀调味，煮入味，盛出即可。

烹饪时间
Time
4分钟

滋补明目汤

◉难易度：★☆☆ ◉功效：养肝明目

原 料

猪肝120克，苦瓜200克，姜片、葱花各少许

调 料

盐4克，鸡粉3克，料酒、食用油各适量

做 法

1.洗净的苦瓜对半切开，去籽，切成片；将苦瓜片装入碗中，加盐，倒入清水，抓匀。2.将苦瓜洗净；洗好的猪肝切成片，装入碗中，加盐、鸡粉、料酒，腌渍入味。3.锅中注水烧开，放入姜片、苦瓜，加入适量食用油，用中火煮至熟，放入盐、鸡粉，拌匀调味；倒入猪肝，用大火煮熟，盛入碗中，撒上葱花即成。

银杞明目汤

◉难易度：★☆☆ ◉功效：滋阴补血

原 料

水发银耳200克，猪肝65克，枸杞5克，茉莉花4克，姜片少许

调 料

盐3克，鸡粉2克，食粉、食用油各适量

做 法

1.洗净的银耳切去根部，改切成片；洗好的猪肝切片装碗，加盐、鸡粉，腌渍入味。2.锅中注水烧开，加适量食粉，放入银耳，焯煮至八成熟，捞出。3.另起锅，注水烧开，加少许食用油，放入姜片，放入洗净的茉莉花、枸杞、银耳，烧开后用小火煮至食材熟软，放入猪肝，拌匀煮沸。4.加入盐、鸡粉，拌匀调味即成。

烹饪时间
Time
7分钟

金枪鱼丸子汤

●难易度：★★☆　●功效：补虚明目

烹饪时间
Time
6分钟

原料

金枪鱼50克，胡萝卜60克，白萝卜90克，鸡蛋1个，面粉90克，白芝麻30克，葱花少许

烹饪小提示

金枪鱼体内的重金属含量较高，因此要把内脏等处理干净。

调料

盐、鸡粉各2克

做法

❶ 洗胡萝卜、白萝卜、金枪鱼切粒；鸡蛋打入碗中，制成蛋液。

❷ 胡萝卜、白萝卜、鱼肉、芝麻、面粉、蛋液、葱放碗中拌匀。

❸ 做成数个丸子，放入沸水锅中，煮至丸子熟透。

❹ 加入盐、鸡粉，搅拌匀，关火后盛出煮好的丸子汤即可。

青菜猪肝汤

●难易度：★☆☆　●功效：生津止渴

烹饪时间 Time 10分钟

🥘 原料

猪肝90克，菠菜30克，高汤200毫升，胡萝卜25克，西红柿55克

🧂 调料

盐2克

🍴 做法

1.洗净的菠菜切碎；洗好的猪肝切片，再切条，改切成粒；洗净的西红柿切片，改切成粒；洗好的胡萝卜切丝。2.用油起锅，倒入适量高汤，加入盐，倒入胡萝卜、西红柿，烧开，放入猪肝，拌匀煮沸。3.下入切好的菠菜，搅拌均匀，用大火烧开即可。

桑叶猪肝汤

●难易度：★☆☆　●功效：清肝明目

烹饪时间 Time 12分钟

🥘 原料　猪肝220克，桑叶8克，姜片、葱段各少许

🧂 调料　盐、鸡粉各2克，胡椒粉少许，料酒4毫升

🍴 做法

1.洗净的猪肝切薄片。2.锅中注水烧开，倒入猪肝片、料酒，氽水捞出。3.砂锅中注水烧热，倒入桑叶，用大火煮至析出有效成分，倒入猪肝片、姜片、葱段，煮至熟；加盐、鸡粉、胡椒粉，煮入味即成。

生蚝豆腐汤

●难易度：★★★　●功效：补钙强身

烹饪时间
Time
3分钟

原料

豆腐200克，生蚝肉120克，鲜香菇40克，姜片、葱花各少许

烹饪小提示

放入豆腐后，搅拌的动作要轻一些，以免将豆腐弄碎了。

调料

盐3克，鸡粉、胡椒粉各少许，料酒4毫升，食用油适量

做法

❶ 洗净的香菇切粗丝；豆腐切小方块；豆腐块焯水，捞出。

❷ 倒入生蚝肉，煮片刻捞出；姜片爆香，下香菇丝、蚝肉炒匀。

❸ 淋料酒炒透，注水煮沸，倒入豆腐块，加盐、鸡粉调味。

❹ 撒上胡椒粉，续煮入味；盛出汤料放在碗中，撒上葱花即成。

烹饪时间 Time 3分钟

核桃仁豆腐汤

◉难易度：★☆☆　◉功效：益智健脑

🍲 原 料

豆腐200克，核桃仁30克，肉末45克，葱
花、蒜末各少许

🥄 调 料

盐、鸡粉各2克，食用油适量

✏ 做 法

1.洗净的豆腐切开，再切小块；洗好的核桃
仁切小块。2.用油起锅，倒入肉末，炒至变
色，注入适量清水，用大火略煮一会儿，撇去
浮油，撒上蒜末，倒入核桃仁、豆腐，用大火
煮至食材熟透。3.加入盐、鸡粉，煮至食材入
味，盛出煮好的汤料，装入碗中，点缀上葱花
即可。

鳕鱼土豆汤

◉难易度：★★☆　◉功效：益智健脑

🍲 原 料

鳕鱼肉150克，土豆75克，胡萝卜60克，
豌豆45克，肉汤1000毫升

🥄 调 料

盐2克

✏ 做 法

1.锅中注水烧开，倒入洗净的豌豆，煮
约2分钟，捞出。2.将放凉的豌豆切开；
洗净的胡萝卜切丁块；洗净去皮的土豆切
丁块；洗好的鳕鱼肉去除鱼骨、鱼皮，再
把鱼肉碾碎，剁成细末。3.锅置于火上烧
热，倒入肉汤煮沸，倒入胡萝卜、土豆、
豌豆、鳕鱼肉，用中火煮至食材熟透‘加
入盐，拌匀调味，煮至入味即可。

烹饪时间 Time 4分钟

金针白玉汤

◉难易度：★★☆　◉功效：补钙强身

烹饪时间
Time
2分钟

◉ 原料

豆腐150克，大白菜120克，水发黄花菜100克，金针菇80克，葱花少许

◉ 调料

盐3克，鸡粉少许，料酒3毫升，食用油适量

◉ 烹饪小提示

将白菜梗先倒入油锅翻炒一会儿，再放入白菜叶，可使菜肴的口感更好。

✍ 做法

❶ 金针菇除老根；大白菜切丝；豆腐切块；黄花菜去除花蒂。

❷ 锅中注水烧开，加入盐、豆腐块、黄花菜，煮片刻，捞出。

❸ 用油起锅，倒入白菜丝、金针菇炒软，淋入料酒，注水煮沸。

❹ 倒入焯煮过的食材，加盐、鸡粉煮入味，盛出撒上葱花即成。

银鱼豆腐竹笋汤

◉难易度：★☆☆　◉功效：消食除胀

原料

竹笋100克，豆腐90克，口蘑80克，银鱼干20克，姜片、葱花各少许

调料

盐、鸡粉各2克，料酒4毫升，食用油少许

做法

1.洗净的豆腐、口蘑切小块；洗净去皮的竹笋切薄片。2.锅中注水烧开，加入盐，放入竹笋、口蘑，煮约半分钟，再倒入豆腐块，续煮至全部食材断生后捞出。3.用油起锅，放入姜片，倒入银鱼干，淋上料酒，注入清水，加盐、鸡粉，倒入焯煮过的食材，续煮至全部食材熟透；盛出煮好的竹笋汤，撒上葱花即成。

西红柿红腰豆汤

◉难易度：★★☆　◉功效：健脾除湿

原料

西红柿50克，紫薯60克，胡萝卜80克，洋葱60克，西芹40克，熟红腰豆180克

调料

盐2克，鸡粉2克，食用油适量

做法

1.洗净的西红柿切成丁；洗好的洋葱切成粒；洗净的胡萝卜切成粒；洗好的紫薯切成粒；洗净的西芹切成丁。2.用油起锅，倒入洋葱、紫薯、西芹、西红柿、胡萝卜，拌炒匀，倒入熟红腰豆，倒入清水，搅拌匀。3.放入盐、鸡粉，拌匀调味，用中火煮至食材熟透。4.用锅勺搅拌均匀，将锅中汤料盛入碗中即可。

猴头菇冬瓜汤

●难易度：★★☆　●功效：养胃生津

原料

水发猴头菇70克，冬瓜200克，猪瘦肉170克，姜片、葱花各少许

调料

盐3克，鸡粉3克，水淀粉4毫升，食用油适量

烹饪小提示

冬瓜也可以不去皮，因为冬瓜皮的利尿功效更好。

做法

❶ 冬瓜、猴头菇切片；猪瘦肉切片，加调味料，腌渍入味。

❷ 锅中注水烧开，放入盐、鸡粉、食用油。

❸ 再放入姜片、猴头菇、冬瓜煮片刻，倒入肉片，搅匀。

❹ 撇去汤中浮沫，盛出煮好的汤料，装入碗中，撒上葱花即可。

烹饪时间
Time
2分钟

黄花菜健脑汤

◎难易度：★☆☆　◎功效：健脑益智

原 料

水发黄花菜80克，鲜香菇40克，金针菇90克，瘦肉100克，葱花少许

调 料

盐3克，鸡粉3克，水淀粉、食用油各适量

做 法

1.洗净的鲜香菇切片；泡发好的黄花菜切去花蒂；洗好的金针菇切去老茎；洗净的瘦肉切成片。2.把肉片装入碟中，加盐、鸡粉、水淀粉、食用油，腌渍入味。3.锅中注水烧开，倒入食用油，放入香菇、黄花菜、金针菇，加入盐、鸡粉，用大火加热，煮至沸，倒入瘦肉，用大火煮熟；盛出汤料，撒上葱花即成。

包菜菠菜汤

◎难易度：★☆☆　◎功效：滋阴润燥

原 料

包菜120克，菠菜70克，水发粉丝200克，高汤300毫升，姜丝、葱丝各少许

调 料

芝麻油少许

做 法

1.洗净的菠菜切成长段；洗好的包菜切去根部，再切成细丝。2.锅中注水烧热，倒入高汤，拌匀，放入姜丝、葱丝，用大火煮至沸。3.倒入备好的菠菜、包菜、粉丝，拌匀，转中火略煮一会儿至食材熟透。4.淋入少许芝麻油，搅拌匀，关火后盛出煮好的汤料即可。

烹饪时间
Time
3分钟

西红柿面包鸡蛋汤

◉难易度：★☆☆　◉功效：健胃消食

烹饪时间
Time
4分钟

⊘ 原 料

西红柿95克，面包片30克，高汤200毫升，鸡蛋1个

◎ 烹饪小提示

要选用捏起来很软，外观圆滑，透亮而无斑点的新鲜西红柿。

✐ 做 法

① 鸡蛋打入碗中，用筷子打散，调匀。

② 西红柿烫一会儿，取出去皮，切小块；面包片去边，切成粒。

③ 将高汤烧开，下入西红柿，煮一会儿，倒入面包，搅拌匀。

④ 倒入蛋液，拌匀煮沸，将煮好的汤盛出，装入碗中即可。

白玉金银汤

●难易度：★★☆ ●功效：温中益气

（右上角）烹饪时间 Time 4分钟

🍲 原 料

豆腐120克，西蓝花35克，鸡蛋1个，鲜香菇30克，鸡胸肉75克，葱花少许

🧂 调 料

盐3克，鸡粉2克，水淀粉、食用油各适量

🍳 做 法

1.香菇切粗丝；西蓝花切小朵；豆腐切块；鸡胸肉切丁；鸡蛋打入碗中。2.将鸡肉丁装碗，加盐、鸡粉、水淀粉、油，腌渍入味。3.西蓝花、豆腐块，焯水捞出。4.用油起锅，倒入香菇丝炒软，加清水、盐、鸡粉，倒入鸡丁、豆腐、西蓝花，加水淀粉、鸡蛋液煮熟即成。

青菜肉末汤

●难易度：★☆☆ ●功效：增强免疫

（烹饪时间 Time 2分钟）

🍲 原 料　上海青100克，肉末85克

🧂 调 料　盐少许，水淀粉、食用油各适量

🍳 做 法

1.汤锅中注水烧开，放入洗净的上海青，煮至断生，捞出凉凉。2.将上海青切成粒，剁碎。3.用油起锅，倒入肉末，炒至转色，倒入清水，拌匀，放入少许盐，倒入上海青，淋入水淀粉，拌匀煮沸即成。

清淡米汤

●难易度：★☆☆　●功效：健脾补虚

烹饪时间
Time
21分钟

○ 烹饪小提示

大米浸泡时间以半小时为宜，不能太长，以免营养流失。

◉ 原料

| 水发大米90克

◉ 做法

① 砂锅中注入适量清水，用大火烧开，倒入洗净的大米。

② 搅拌均匀，烧开后用小火煮20分钟，至米粒熟软。

③ 揭盖，搅拌均匀，将煮好的粥滤入碗中。

④ 待米汤稍微冷却后即可饮用。

土豆疙瘩汤

◎难易度：★☆☆　◎功效：促进发育

烹饪时间 Time 3分钟

🍲 原　料

土豆40克，南瓜45克，水发粉丝55克，面粉80克，蛋黄、葱花各少许

🥄 调　料

盐2克，食用油适量

🍳 做　法

1.去皮洗净的土豆、南瓜切丝；粉丝切段，装入碗中，倒入蛋黄、盐、面粉，制成面团。
2.用油起锅，放入土豆、南瓜，炒至断生，盛出。3.把面团用小汤勺分成数个剂子，下入沸水锅中，用大火煮至剂子浮起，再放入蔬菜，调入盐，续煮入味，盛出，撒上葱花即成。

南瓜浓汤

◎难易度：★☆☆　◎功效：促进发育

烹饪时间 Time 3分钟

🍲 原　料　南瓜200克，浓汤150毫升，配方奶粉20克

🥄 调　料　白糖5克

🍳 做　法

1.去皮洗净的南瓜切块。2.取榨汁机，将南瓜倒入杯中，倒入鸡汤，榨取南瓜鸡汤汁，倒入碗中。3.汤锅中加入适量清水，倒入奶粉，搅拌至溶化，倒入南瓜鸡汤汁拌匀。4.加入白糖，搅拌至沸腾即可。

西蓝花浓汤

●难易度：★★☆ ●功效：益气健脾

🍳 原料

土豆90克，西蓝花55克，
面包45克，奶酪40克

🧂 调料

盐少许，食用油适量

🕐 烹饪时间
Time
8分秒

💡 **烹饪小提示**

炸面包的时间不宜过长，以免将其炸煳了，炸糊的食物有
许多有毒物质，吃了对身体不利。

🖌 做 法

① 西蓝花焯水后捞出、切
碎；面包、土豆切丁。

② 取奶酪压成奶酪泥；面
包下锅炸片刻捞出。

③ 锅底留油，倒入土豆
丁、清水，煮至熟软，
加盐调味，盛出装碗。

④ 碗中再倒入西蓝花、奶
酪泥，混合均匀，倒入
榨汁机中，制成浓汤。

⑤ 断电后把浓汤倒入碗
中，撒上炸面包即成。

玉米浓汤

◉难易度：★☆☆ ◉功效：开胃益智

⟳ 原 料

鲜玉米粒100克，配方牛奶150毫升

⟳ 调 料

盐少许

⟳ 做 法

1.取来榨汁机，选用搅拌刀座及其配套组合，倒入洗净的玉米粒，加入少许清水，通电后选择"搅拌"功能，榨一会，制成玉米汁。2.断电后倒出玉米汁，汤锅上火烧热，倒入玉米汁，用小火煮至汁液沸腾，倒入配方牛奶，续煮片刻至沸。3.加入盐，拌匀调味，盛出煮好的浓汤，放在小碗中即成。

蘑菇浓汤

◉难易度：★☆☆ ◉功效：防止便秘

⟳ 原 料

口蘑65克，奶酪20克，黄油10克，面粉12克，鲜奶油55克

⟳ 调 料

盐、鸡粉、鸡汁各少许，芝麻油、水淀粉、食用油各适量

⟳ 做 法

1.洗净的口蘑去蒂，切丁块。2.锅中注水烧开，加入盐、鸡粉，倒入口蘑，煮至七成熟，捞出。3.炒锅注油烧热，倒入黄油，拌匀，煮至溶化，放入面粉，加入适量清水，倒入口蘑，加入鸡汁，煮至沸腾。4.放入奶酪，煮至溶化，加入盐，倒入鲜奶油，煮成黏稠状，淋入芝麻油，拌匀，盛出煮好的食材，装入碗中即可。

脱脂奶红豆汤

●难易度：★☆☆　●功效：健胃生津

烹饪时间
Time
37分钟

原料

水发红豆200克，红枣5克，脱脂牛奶250毫升

调料

白糖少许

烹饪小提示

可用炼奶代替白糖，这样煮出来的汤奶香味会更浓。

做法

❶ 洗净的红枣切开，去核，砂锅中注水，倒入红豆，拌匀。

❷ 用大火煮开后转小火煮至其熟软，倒入红枣，煮片刻。

❸ 加入脱脂牛奶，用小火煮至沸，加入白糖，煮至溶化。

❹ 关火后盛出煮好的甜汤，装入碗中即可。

烹饪时间
Time
6分钟

鲜菇西红柿汤

◉难易度：★★☆　◉功效：健胃消食

🍲 原料

玉米粒60克，青豆55克，西红柿90克，平菇50克，高汤200毫升，姜末少许

🧂 调料

水淀粉3毫升，盐2克，食用油适量

⏲ 做法

1.洗净的平菇切成粒；洗好的西红柿切成丁；用油起锅，倒入姜末，爆香。2.倒入平菇、青豆、玉米粒，炒均匀，倒入高汤，放入盐，煮至食材熟透。3.倒入西红柿，拌匀煮沸，倒入水淀粉，拌匀，煮片刻，盛出，装入碗中即可食用。

蛋花浓米汤

◉难易度：★☆☆　◉功效：健脾和胃

🍲 原料

水发大米170克，鸡蛋1个

⏲ 做法

1.将鸡蛋打入碗中，快速搅拌，制成蛋液。2.砂锅中注水烧开，倒入大米，搅拌匀，烧开后用小火煮至汤汁呈乳白色。3.捞出米粒，倒入蛋液，搅拌至液面浮现蛋花，盛出，装碗即可。

烹饪时间
Time
37分钟

柑橘山楂饮

◎难易度：★☆☆　◎功效：开胃消食

烹饪时间
Time
15分钟

◎ 烹饪小提示

煮制此汤时，火候不宜过大，否则会
破坏其营养成分。

原 料

柑橘100克，山楂80克

做法

❶ 将柑橘去皮，果肉分成瓣。

❷ 洗净的山楂对半切开，去核，果肉切成小块。

❸ 砂锅中注水烧开，倒入柑橘、山楂，煮至其析出有效成分。

❹ 略微搅动片刻，将煮好的柑橘山楂饮盛出，装入碗中即可。

红薯牛奶甜汤

●难易度：★☆☆ ●功效：促进发育

⊙烹饪时间
Time
28分钟

原料

红薯200克，牛奶200毫升，冰糖30克，姜片少许

做法

1.洗好去皮的红薯切厚块，再切条，改切成小块，备用。2.锅中注入适量清水烧开，放入姜片、冰糖、红薯，拌匀，煮约20分钟至熟。3.加入牛奶，拌匀，煮至沸。4.关火后盛出煮好的甜汤，装入碗中即可。

白菜清汤

●难易度：★☆☆ ●功效：利尿养胃

⊙烹饪时间
Time
11分钟

原料　白菜120克

调料　盐2克，芝麻油3毫升

做法

1.洗好的白菜切开，切成小丁，备用。

2.锅中注入适量清水烧开，倒入切好的白菜，搅拌均匀，烧开后用小火煮片刻。

3.加入适量盐、芝麻油，拌匀调味，至汤汁入味，关火后盛出煮好的白菜汤即可。

男性滋补汤

薄荷鸭汤

◉难易度：★★☆ ◉功效：补虚除烦

烹饪时间
Time
48分钟

◉ **原 料**

鸭肉350克，玉竹2克，百合15克，薄荷叶、姜片各少许

◉ **调 料**

盐2克，鸡粉3克，料酒适量

◉ **烹饪小提示**

若没有新鲜的薄荷叶可选用干薄荷，但要减少用量。

◉ **做 法**

❶ 鸭肉焯水，捞出；鸭肉、姜片、料酒下油锅，炒匀盛出。

❷ 砂锅置于火上，放入玉竹、鸭肉，注水，淋入料酒，煮片刻。

❸ 放入百合、薄荷叶，续煮至食材熟透。

❹ 放入盐、鸡粉，拌匀调味，盛出煮好的汤料，装入碗中即可。

石斛冬瓜老鸭汤

◎难易度：★★☆　◎功效：滋阴养胃

原 料

鸭肉块500克，冬瓜240克，石斛10克，姜片、葱花各少许

调 料

料酒16毫升，盐2克，鸡粉2克

做 法

1.洗净去皮的冬瓜切块。2.锅中注水烧开，倒入洗净的鸭肉块，淋入适量料酒，氽去血水，捞出。3.砂锅中注水烧开，放入洗净的石斛，撒入姜片，倒入鸭块，淋入料酒，烧开后用小火炖至食材熟软，放入冬瓜，续炖至全部食材熟透。4.放入盐、鸡粉调味，盛出煮好的汤料，装入汤碗中，撒入葱花即可。

鲜蔬腊鸭汤

◎难易度：★☆☆　◎功效：消食除胀

原 料

腊鸭腿肉300克，去皮胡萝卜100克，去皮竹笋100克，菜心120克，姜片少许

做 法

1.洗净的胡萝卜切滚刀块；洗好的竹笋切滚刀块。2.锅中注水烧开，倒入腊鸭，氽煮片刻，捞出。3.砂锅中注入适量清水，倒入腊鸭、竹笋、胡萝卜、姜片，拌匀，小火煮至食材熟软，倒入菜心，稍煮片刻至入味，盛出煮好的汤，装入碗中即可。

青萝卜陈皮鸭汤

◉难易度：★★☆ ◉功效：醒脾开胃

烹饪时间
Time
40分钟

◯ 原 料

青萝卜300克，鸭肉600克，陈皮、姜片
各适量

◯ 调 料

盐3克，鸡粉3克，料酒20毫升

◯ 烹饪小提示

青萝卜和鸭肉都是寒性食物，可以多
放些姜片中和其寒性。

◯ 做 法

❶青萝卜切丁；鸭肉斩
小块，倒入沸水锅
中，焯水，捞出。

❷砂锅中注水烧开，放
陈皮、姜、鸭块、料
酒，小火煮片刻钟。

❸倒入青萝卜用小火再
煮片刻，放入盐、鸡
粉，搅匀调味。

❹将炖好的汤料盛出，
装入碗中即可。

萝卜鱼丸汤

◉难易度：★★☆ ◉功效：补虚强身

烹饪时间
Time
4分钟

◉ 原 料

白萝卜150克，鱼丸100克，芹菜40克，姜末少许

◉ 调 料

盐2克，鸡粉少许，食用油适量

◉ 做 法

1.洗净的芹菜切成粒；去皮洗净的白萝卜切细丝；洗净的鱼丸对半切开，再切上网格花刀。2.用油起锅，下入姜末，用大火爆香，倒入萝卜丝，翻炒几下，注入清水，下入鱼丸，调入盐、鸡粉，用中小火煮至全部食材熟透。3.撒上芹菜粒，再煮片刻至其断生即成。

苦瓜鱼片汤

◉难易度：★★☆ ◉功效：健脾补肾

烹饪时间
Time
6分钟

◉ 原 料 苦瓜100克，鲈鱼肉110克，胡萝卜40克，鸡腿菇70克，姜片、葱花各少许

◉ 调 料 盐3克，鸡粉2克，胡椒粉少许，水淀粉、食用油各适量

◉ 做 法

1.鸡腿菇、胡萝卜、苦瓜切片；鱼肉切片，加盐、鸡粉、胡椒粉、水淀粉、油，腌渍入味。2.用油起锅，放入姜片、苦瓜、胡萝卜、鸡腿菇、清水，煮熟。3.加盐、鸡粉、鱼片，煮熟，放入葱花即可。

鱼鳔豆腐汤

●难易度：★☆☆　●功效：大补元气

Time
17分钟

🍴 原 料

鲢鱼头200克，鱼鳔100克，豆腐220克，姜片、葱段各少许

🥣 调 料

盐、鸡粉、胡椒粉各2克，料酒少许，食用油适量

🍳 烹饪小提示

此汤以清淡为宜，所以盐可以适量少加些。

🍳 做 法

① 洗好的豆腐切小方块；将鱼鳔刺穿，鲢鱼头剁成大块。

② 用油起锅，倒入鱼头，煎断生，加姜、葱、料酒，炒香。

③ 注入开水，倒入鱼鳔、豆腐块，烧开后用小火煮至熟透。

④ 加入盐、鸡粉、胡椒粉，搅拌匀，煮至入味，盛出汤料即可。

川贝鲫鱼汤

●难易度：★★☆　●功效：益气健脾

🥘 原 料

鲫鱼400克，川贝15克，陈皮10克，姜片、葱花各少许

🧂 调 料

料酒10毫升，盐2克，鸡粉3克，胡椒粉少许，食用油适量

🍴 做 法

1.用油起锅，撒入姜片，爆香，放入处理干净的鲫鱼，煎出焦香味，将鲫鱼翻面，煎至焦黄色。2.淋入适量料酒，倒入适量清水，放入川贝、陈皮，加入盐、鸡粉，拌匀调味，烧开后用小火煮至食材熟透。3.放入胡椒粉，拌匀调味，盛出，装入碗中，撒上葱花即可。

固肾补腰鳗鱼汤

●难易度：★☆☆　●功效：健腰补肾

🥘 原 料　黄芪6克，五味子3克，补骨脂6克，陈皮2克，鳗鱼400克，猪瘦肉300克，姜片15克

🧂 调 料　盐2克，鸡粉2克，料酒8毫升，食用油适量

🍴 做 法

1.洗好的猪瘦肉切成丁。2.热锅注油烧热，倒入鳗鱼，炸至金黄色，捞出。3.砂锅中注水烧开，倒入药材，加入瘦肉丁、姜片，煮片刻；倒入鳗鱼，淋入料酒，煮至食材熟透。4.加鸡粉、盐，搅匀即可。

蛤蜊鲫鱼汤

◎难易度：★☆☆　◎功效：滋阴润燥

烹饪时间
Time
10分钟

🐷原料

蛤蜊130克，鲫鱼400克，枸杞、姜片、葱花各少许

🍶调料

盐2克，鸡粉2克，料酒8毫升，胡椒粉少许，食用油适量

💭烹饪小提示

用干净毛巾吸干鲫鱼身上的水分后再放入锅中煎，这样能避免鲫鱼粘锅。

🍴做法

❶ 宰杀处理干净的鲫鱼两面切上一字花刀；用刀将蛤蜊打开。

❷ 鲫鱼下锅，煎至焦黄色，加料酒、开水、姜，煮沸撇去浮沫。

❸ 倒入蛤蜊，煮至食材熟，加盐、鸡粉、胡椒粉、枸杞，略煮。

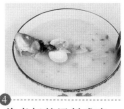

❹ 将煮好的汤料盛出，装入汤碗中，撒上葱花即可。

烹饪时间 Time 26分钟

党参蛤蜊汤

◎难易度：★☆☆ ◎功效：补中益气

◎ 原 料

党参10克，玉竹8克，蛤蜊400克，姜片、葱花各少许

◎ 调 料

盐2克，鸡粉2克

◎ 做 法

1.洗净的蛤蜊打开，去除脏物。2.锅中注水烧开，倒入洗净的玉竹、党参，用小火煮15分钟，至药材析出有效成分。3.放入姜片，倒入处理好的蛤蜊，用小火再煮至食材熟透。4.放入少许鸡粉、盐，用勺拌匀调味，盛出煮好的汤料，装入汤碗中，撒入葱花即可。

生蚝南瓜汤

◎难易度：★☆☆ ◎功效：滋阴补虚

◎ 原 料

南瓜120克，白萝卜150克，生蚝肉85克，海带汤300毫升

◎ 调 料

盐3克，鸡粉2克，料酒少许

◎ 做 法

1.洗净去皮的南瓜切片；洗好去皮的白萝卜切薄片。2.锅中注水烧开，倒入洗净的生蚝肉，淋入料酒，拌匀，汆去腥味，捞出。3.锅中注水烧热，倒入海带汤，用大火烧开，倒入白萝卜、南瓜，拌匀，用中火煮约3分钟，倒入生蚝肉，搅拌匀，煮至食材熟软。4.加入盐、鸡粉调味，煮至入味，盛出煮好的南瓜汤，撒上葱花即可。

烹饪时间 Time 7分钟

腊肠西红柿汤

◉难易度：★☆☆　　◉功效：健胃消食

烹饪时间
Time
3分钟

◎原　料

西红柿100克，腊肠60克

◎调　料

鸡粉2克，盐少许

🍴 烹饪小提示

把西红柿放在冰箱冰冻一会儿，再拿出来切可以避免流汁。

做 法

❶ 洗净的西红柿切丁；洗好的腊肠切成条，改切成小丁块。

❷ 用油起锅，倒入腊肠丁，炒匀炒香，放入西红柿丁，炒软。

❸ 倒入适量的清水，用中火煮至香味溢出，加入鸡粉、盐调味。

❹ 搅拌匀，至食材入味，关火后起锅，装入碗中即可。

明目枸杞猪肝汤

●难易度：★☆☆　●功效：养肝明目

○原料

石斛20克，菊花10克，枸杞10克，猪肝200克，姜片少许

○调料

盐2克，鸡粉2克

○做法

1.洗净的猪肝切成片；把洗净的石斛、菊花装入隔渣袋中，收紧袋口。2.锅中注水烧开，倒入猪肝，氽去血水，捞出氽。3.砂锅中注水烧开，放入装有药材的隔渣袋，倒入猪肝，放入姜片、枸杞，拌匀，烧开后用小火煮至食材熟透。4.放入盐、鸡粉，拌匀调味，取出隔渣袋，将煮好的汤料盛出，装入汤碗中即可。

烹饪时间 Time 21分钟

太子参桂圆猪心汤

●难易度：★☆☆　●功效：滋阴补血

○原料

猪心300克，桂圆肉35克，红枣25克，太子参12克，姜片少许

○调料

盐3克，鸡粉少许，料酒6毫升

○做法

1.洗净的猪心切片。2.锅中注水烧热，倒入猪心片，用大火煮约半分钟，去除血渍，捞出。3.砂锅中注水烧开，倒入洗净的桂圆肉、太子参、红枣，撒上姜片，倒入猪心片，淋入料酒，煮沸后用小火煮至食材熟透。4.加入盐、鸡粉调味，煮至汤汁入味，盛出猪心汤，装入碗中即成。

烹饪时间 Time 32分钟

青橄榄鸡汤

●难易度：★★☆　●功效：生津利咽

烹饪时间
Time
43分钟

🍃 原料

鸡肉350克，玉米棒150克，胡萝卜70克，青橄榄40克，姜片、葱花各少许

🧂 调料

鸡粉2克，胡椒粉少许，盐2克，料酒6毫升

🍳 烹饪小提示

鸡肉块不可切得太大，否则不易入味，口感欠佳。

🥘 做法

❶ 胡萝卜切小块；洗好的玉米棒切厚块；洗净的鸡肉斩切小块。

❷ 鸡肉块下锅焯水，捞出；全部食材倒入沸水锅中，淋入料酒。

❸ 烧开后用小火煮至食材熟透，加盐、鸡粉、胡椒粉拌匀。

❹ 略煮片刻至汤汁入味，盛出装入碗中，放入葱花即可。

燕窝虫草猪肝汤

●难易度：★☆☆　●功效：滋阴润肺

烹饪时间
Time
10分钟

🥦 原 料

猪肝300克，水发虫草花50克，上汤400毫升，姜片、葱段、燕窝各少许

🍲 调 料

盐、鸡粉、胡椒粉各2克

🥄 做 法

1.洗好的猪肝切片。2.锅中注水烧开，倒入猪肝，拌匀，汆去血水，捞出。3.锅置于火上烧热，倒入上汤，放入猪肝、虫草花、姜片、葱段，拌匀，加入洗好的燕窝，用小火煮约5分钟。4.加入盐、鸡粉、胡椒粉调味，盛出煮好的菜肴即可。

香菇白菜瘦肉汤

●难易度：★☆☆　●功效：增强体质

烹饪时间
Time
2分钟

🥦 原 料
水发香菇60克，大白菜120克，猪瘦肉100克，姜片、葱花各少许

🍲 调 料
盐3克，鸡粉3克，水淀粉、料酒、食用油各适量

🥄 做 法
1.大白菜切小块；香菇切成片；猪瘦肉切片，加盐、鸡粉、水淀粉、油，腌渍入味。2.用油起锅，放入姜片、香菇、大白菜炒匀，淋入料酒炒香，倒入适量清水，大火煮沸。3.加盐、鸡粉调味，倒入肉片，煮至汤沸腾，盛出放入葱花即可。

黄花菜猪肚汤

◉难易度：★☆☆ ◉功效：健脾养胃

🍲 原 料

熟猪肚140克，水发黄花菜200克，姜末、葱花各少许

🥣 调 料

盐3克，鸡粉3克，料酒8毫升

🍳 烹饪小提示

干黄花菜宜用温水泡发，这样可以加快泡发的速度，从而节省时间。

🥢 做 法

❶ 熟猪肚切成条，泡发好的黄花菜去蒂。

❷ 砂锅中注入适量清水，放入猪肚、姜末、料酒，煮片刻。

❸ 倒入处理好的黄花菜，用勺搅匀，续煮至全部食材熟透。

❹ 加盐、鸡粉，搅匀，盛出汤料，装入碗中，撒上葱花即可。

西瓜翠衣排骨汤

◎难易度：★★☆ ◎功效：补虚除烦

🐮 原料

西瓜皮200克，排骨300克，胡萝卜150克，玉米棒140克，姜片、葱段各少许

🔒 调料

盐2克，鸡粉2克，料酒16毫升

🍳 做法

1.胡萝卜切滚刀块；西瓜皮切小块。2.锅中注水烧开，倒入排骨、料酒，汆去血水，捞出。3.砂锅中注水烧开，倒入排骨、玉米棒、胡萝卜、姜片，淋入料酒，烧开后用小火炖片刻。4.放入西瓜皮，用小火再炖至全部食材熟透，加盐、鸡粉，拌至入味，盛出放上葱段即可。

黄芪飘香猪骨汤

◎难易度：★☆☆ ◎功效：益气固表

🐮 原料　猪骨400克，黄芪、酸枣仁、枸杞各10克

🔒 调料　盐2克，鸡粉2克，料酒8毫升

🍳 做法

1.锅中注水烧开，淋入适量料酒，倒入洗净的猪骨，汆去血水，捞出。2.砂锅中注水烧开，倒入猪骨，放入黄芪、酸枣仁、枸杞，淋入料酒，烧开后用小火炖至食材熟透。3.加盐、鸡粉，拌匀调味即可。

当归黄芪牛肉汤

◉难易度：★☆☆ ◉功效：滋养脾胃

烹饪时间
Time
80分钟

🐮 原　料

牛肉240克，当归、黄芪各7克，姜片、葱花各少许

🍶 调　料

盐、鸡粉各2克，料酒10毫升

🍳 烹饪小提示

牛肉的纤维较粗，切的时候用刀背敲打片刻再切，这样煮出来的牛肉口感会更好。

🔪 做　法

❶ 将洗净的牛肉切厚块，再切条形，改切成丁。

❷ 锅中注水烧开，倒入牛肉丁，淋上料酒，煮半分钟，捞出。

❸ 砂锅注水烧开，放牛肉丁、姜、当归、黄芪、料酒，小火煮60分钟。

❹ 加盐、鸡粉，拌匀调味，盛入汤碗中，撒上葱花即成。

烹饪时间
Time
42分钟

无花果牛肉汤

◉难易度：★☆☆　◉功效：强健筋骨

◎ 原 料

无花果20克，牛肉100克，姜片、枸杞、葱
花各少许

◎ 调 料

盐2克，鸡粉2克

◎ 做 法

1.洗净的牛肉切成丁。2.汤锅中注入适量清
水，用大火烧开，倒入牛肉，搅匀，煮沸，用
勺捞去锅中的浮沫，倒入洗好的无花果，放入
姜片，拌匀，用小火煮至食材熟透。3.放入适
量盐、鸡粉调味，把煮好的汤料盛出，装入碗
中，撒上葱花即可。

香菇魔芋汤

◉难易度：★☆☆　◉功效：增强免疫

◎ 原 料

鲜香菇30克，魔芋180克，葱花少许

◎ 调 料

盐2克，鸡粉2克，水淀粉3毫升，食用油
适量

◎ 做 法

1.洗好的香菇切成片；洗净去皮的魔芋
切小块。2.锅中倒入适量清水，用大火烧
开，倒入魔芋，煮1分30秒，捞出。3.锅
中倒入适量食用油烧热，倒入香菇，拌炒
一会儿，加入清水，将魔芋倒入锅中，放
入盐、鸡粉，煮至魔芋入味。4.倒入水淀
粉，快速搅拌均匀，将煮好的香菇魔芋汤
倒入碗中，再放入葱花即成。

烹饪时间
Time
2分钟

牛肉南瓜汤

◉难易度：★☆☆　◉功效：强身健体

○原料

牛肉120克，南瓜95克，胡萝卜70克，洋葱50克，牛奶100毫升，高汤800毫升，黄油少许

烹饪时间
Time
20分钟

切好的牛肉粒可先氽煮一下，去除血水后再烹煮，口感会更佳。

做法

❶ 洗净的洋葱切成粒状；洗好去皮的胡萝卜切成粒。

❷ 洗净去皮的南瓜切丁；洗好的牛肉去除肉筋，切粒，备用。

❸ 煎锅烧热，放黄油溶化，放牛肉、洋葱、南瓜、胡萝卜、炒软。

❹ 加入牛奶，倒入高汤搅拌均匀，用中火煮入味，盛出即可。

决明子蔬菜汤

◎难易度：★☆☆　功效：明目润肠

⊙ 原 料

小白菜85克，水发海带结120克，决明子40克，枸杞15克，白萝卜200克

调 料

盐、鸡粉各少许

做 法

1.去皮洗净的白萝卜切滚刀块。2.砂锅中注水，放入洗净的决明子，拌匀，用中火煮至其析出有效成分，捞出药材，倒入萝卜块，放入洗净的海带结，用小火续煮至食材熟软。3.撒上洗净的枸杞，放入洗净的小白菜，加入盐、鸡粉，拌匀调味，煮至食材入味，盛出煮好的蔬菜汤，装在汤碗中即成。

冬瓜灵芝汤

◎难易度：★☆☆　◎功效：益气安神

⊙ 原 料

冬瓜块200克，虾米10克，灵芝少许

调 料

盐2克

做 法

1.砂锅中注入适量清水烧开，倒入备好的虾米、灵芝，放入冬瓜块，拌匀，烧开后用小火煮约25分钟至食材熟透。2.加入少许盐，拌匀调味，关火后盛出煮好的汤料，装入碗中，待稍微放凉后即可饮用。

丝瓜香菇鸡片汤

◉难易度：★☆☆　◉功效：补肾壮阳

烹饪时间
Time
10分钟

◉ 原料

丝瓜120克，鸡胸肉100克，鲜香菇50克，姜片、葱花各少许

◉ 调料

盐、鸡粉各2克，料酒4毫升，水淀粉4毫升，胡椒粉3克，食用油适量

◉ 烹饪小提示

切好的丝瓜若不立即使用，可放入清水中浸泡，以免氧化变黑。

◉ 做法

❶ 洗净去皮的丝瓜切成片，洗好的香菇切成片，备用。

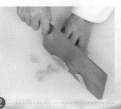

❷ 鸡胸肉洗净切片，加盐、鸡粉、水淀粉、食用油拌匀腌渍。

❸ 用油起锅，放姜片、香菇、丝瓜、料酒、水、盐、鸡粉，用中火煮约2分钟。

❹ 放入鸡肉片、胡椒粉，煮至入味，盛入碗，撒上葱花即可。

黄芪红薯叶冬瓜汤

●难易度：★☆☆　●功效：益气抗癌

烹饪时间
Time
22分钟

◎ 原料

黄芪15克，冬瓜200克，红薯叶40克

◎ 调料

盐2克，鸡粉2克，食用油适量

◢ 做法

1.洗净去皮的冬瓜切小块。2.砂锅中注水烧开，放入洗好的黄芪，倒入切好的冬瓜，搅拌匀，煮沸后用小火煮至全部食材熟透。3.加入适量盐、鸡粉，倒入洗好的红薯叶，淋入少许食用油，再续煮至红薯叶断生，盛出装入碗中即可。

莲子心冬瓜汤

●难易度：★☆☆　●功效：清心安神

烹饪时间
Time
21分钟

◎ 原料　冬瓜300克，莲子心6克

◎ 调料　盐2克，食用油少许

◢ 做法

1.洗净的冬瓜去皮，切成小块，备用。
2.砂锅中注入适量清水烧开，倒入冬瓜，放入莲子心，盖上盖子，烧开后用小火煮20分钟，至食材熟透。3.揭盖，放入适量盐，拌匀调味，加入食用油，拌匀即可。

花生莲藕绿豆汤

●难易度：★☆☆　●功效：除烦解渴

🍴 原料

莲藕150克，水发花生60克，水发绿豆70克

🧂 调料

冰糖25克

烹饪时间
Time
47分钟

🍲 烹饪小提示

把冰糖换成养血补血的红糖，更适合女性食用。

🥄 做法

1 将洗净去皮的莲藕对半切开，再切成薄片，备用。

2 砂锅中注入适量清水烧开，放入洗好的绿豆、花生。

3 用小火煲煮片刻，倒入切好的莲藕，用小火续煮至食材熟透。

4 放入冰糖，拌煮至溶化，盛出煮好的绿豆汤即可。

什锦杂蔬汤

◎难易度：★★☆　◎功效：生津止渴

烹饪时间
Time
40分钟

◎ **原 料**

西红柿200克，去皮胡萝卜150克，青椒50克，土豆150克，玉米笋80克，瘦肉200克，姜片少许

◎ **调 料**

盐少许

◎ **做 法**

1.洗净的瘦肉切块；胡萝卜、土豆切滚刀块；西红柿、青椒切块；玉米笋切段。2.锅中注水烧开，倒入瘦肉，汆煮片刻，捞出。3.砂锅中注水，倒入瘦肉、土豆、胡萝卜、玉米笋、姜片，大火煮开转小火煮熟，加入西红柿、青椒，续煮至熟；加盐，稍稍搅拌至入味即可。

节瓜西红柿汤

◎难易度：★☆☆　◎功效：健胃消食

烹饪时间
Time
5分钟

◎ **原 料**　节瓜200克，西红柿140克，葱花少许

◎ **调 料**　盐2克，鸡粉少许，芝麻油适量

◎ **做 法**

1.将洗好的节瓜改切段；洗净的西红柿切开，再切小瓣。2.锅中注水烧开，倒入节瓜、西红柿，搅拌匀，用大火煮至食材熟软。3.加入少许盐、鸡粉，注入适量芝麻油，拌匀、略煮，盛出，撒上葱花即可。

生蚝紫菜汤

●难易度：★☆☆　●功效：滋补强身

烹饪时间
Time
5分钟

◉ 原 料

生蚝肉110克，水发紫菜30克，姜丝、葱花各少许

◉ 调 料

盐2克，鸡粉2克，料酒、食用油各适量

◉ 烹饪小提示

清洗生蚝时，可将其放入淡盐水中浸泡，以使其吐净泥沙。

✍ 做 法

❶ 将洗净的生蚝肉切成片，备用。

❷ 锅中注水，煮开后加油、盐、鸡粉、料酒、生蚝肉、姜丝。

❸ 中火煮1分钟，放入备好的水发紫菜，煮至熟软。

❹ 掠去浮沫，盛出生蚝汤，装在碗中，撒上葱花即可。

虾米凉薯汤

◎难易度：★☆☆　◎功效：生津解渴

烹饪时间
Time
20分钟

原料

虾米30克，凉薯120克，姜片、葱花各少许

调料

盐2克，鸡粉2克，料酒8毫升，食用油适量

做法

1.洗净去皮的凉薯切丝。2.用油起锅，放入姜片，倒入虾米，淋入料酒，炒匀提味，注入适量清水，煮沸，倒入切好的凉薯，搅匀。3.加入盐、鸡粉，煮沸，撇去浮沫，用小火煮3分钟，至食材熟透。4.把煮好的汤料盛出，装入汤碗中，撒上葱花即成。

人参橘皮汤

◎难易度：★☆☆　◎功效：大补元气

烹饪时间
Time
30分钟

原料　橘子皮15克，人参片少许

调料　白糖适量

做法

1.洗净的橘皮切成细丝，待用。2.砂锅中注入适量清水，用大火烧热，倒入人参片、橘子皮，烧开后转小火煮至药材析出有效成分。3.加入少许白糖，搅拌至白糖溶化，将煮好的药汤盛入碗中即可。

莲藕红豆瘦肉汤

●难易度：★☆☆ ●功效：止渴解酒

烹饪时间
Time
62分钟

○原料

猪瘦肉160克，红豆60克，莲藕100克，
姜片、葱段、蒲公英各少许

○调料

料酒4毫升，盐2克

○烹饪小提示

在汤中放入姜片，有利于去除汤中的
寒气。

○做法

 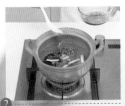 

❶ 洗净去皮的莲藕切滚
刀块；洗好的猪瘦肉
切丁，备用。

❷ 瘦肉丁倒入注了水的
砂锅中，加姜片、葱
段、蒲公英、料酒。

❸ 烧开后用小火煮片
刻，倒入莲藕，用小
火续煮至食材熟透。

❹ 加入少许盐，拌匀调
味，关火后盛出煮好
的汤料即可。

马蹄绿豆汤

◉难易度：★☆☆　◉功效：生津止渴

Time 46分钟
烹饪时间

🥄 原料

马蹄100克，去皮绿豆120克

🧂 调料

冰糖30克

🍳 做法

1.洗净去皮的马蹄切成小块。2.砂锅中注入适量清水烧开，倒入绿豆，搅拌匀，烧开后用小火煮30分钟，加入马蹄，续煮至食材熟透。3.倒入适量冰糖，搅拌均匀，煮至冰糖完全溶化，盛出煮好的甜汤，装入汤碗中即可。

杏仁百合白萝卜汤

◉难易度：★☆☆　◉功效：润肺安神

Time 22分钟
烹饪时间

🥄 原料

杏仁15克，干百合20克，白萝卜200克

🧂 调料

盐3克，鸡粉2克

🍳 做法

1.洗净的白萝卜切块，再切条，改切成丁。2.砂锅中注水烧开，放入洗好的百合、杏仁，加入白萝卜丁，拌匀，用小火煮至其熟软。3.放入少许盐、鸡粉，拌匀调味，盛出萝卜汤，装入碗中即可。

女性滋补汤

枸杞首乌鸡蛋大枣汤

◉难易度：★☆☆　◉功效：养血乌发

烹饪时间
Time
31分钟

◎ 原 料

枸杞8克，红枣15克，首乌10克，鸡蛋2个

◎ 调 料

盐2克，芝麻油2毫升

◉ 烹饪小提示

在红枣上划一个小口子，能更好地析出其营养成分。

◎ 做 法

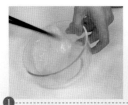   

❶ 将鸡蛋打入碗中，打散调匀；锅中注水烧开，放入首乌。

❷ 用小火煮至其析出有效成分，捞出，加入洗好的红枣、枸杞。

❸ 用小火再煮至其熟软，放入盐拌匀。

❹ 倒入蛋液，搅拌匀，淋入芝麻油，搅拌一会儿即可。

烹饪时间
Time
16分钟

桑寄生鸡蛋养颜汤

◉难易度：★☆☆ ◉功效：美容养颜

原 料

桑寄生15克，竹菇6克，红枣20克，熟鸡蛋2个

调 料

冰糖30克

做 法

1.砂锅中注入适量清水烧开，放入备好的红枣，加入洗净的桑寄生、竹菇。2.倒入去壳的熟鸡蛋，搅匀，用小火煮15分钟，至药材析出有效成分。3.放入适量冰糖，搅拌均匀，煮至冰糖溶化，盛出汤料，装入碗中即可。

生地炖乌鸡

◉难易度：★☆☆ ◉功效：滋阴补血

原 料

乌鸡块270克，生地、枸杞、姜片各少许

调 料

料酒8毫升，盐3克，鸡粉3克

做 法

1.锅中注水烧开，倒入乌鸡块，搅拌均匀，淋入少许料酒，汆去血水，捞出。
2.砂锅中注入适量清水烧开，倒入乌鸡块，放入生地、姜片，淋入料酒，用小火煮约45分钟至食材熟透。3.加入少许盐、鸡粉，搅拌均匀，煮至食材入味，盛出煮好的汤料，装入碗中即可。

烹饪时间
Time
46分钟

四物乌鸡汤

◉难易度：★☆☆　◉功效：

烹饪时间
Time
62分钟

◯ 原 料

乌鸡肉200克，红枣8克，熟地、当归、白芍、川芎各5克

◯ 调 料

盐、鸡粉各2克，料酒少许

◯ 烹饪小提示

可将药材放入药袋中再煮，这样更方便食用。

✐ 做 法

❶ 沸水锅中倒入乌鸡肉，淋入料酒，氽去血水，捞出。

❷ 砂锅中注水，倒入熟地、当归、白芍、川芎、红枣。

❸ 放入乌鸡肉，用大火煮开后转小火续煮至食材熟透。

❹ 加入盐、鸡粉，拌匀，关火后盛出汤料，装入碗中即可。

杜仲桑寄生鸡汤

●难易度：★☆☆　●功效：补益肝肾

🥚 原 料

鸡肉块270克，杜仲、桑寄生各少许

🧂 调 料

盐1克，鸡粉1克，料酒7毫升

🍳 做 法

1.煎锅置火上，放入杜仲，用中火略炒一会儿，盛出。2.锅中注水烧开，倒入鸡肉块，拌匀，淋入料酒，汆去血水，捞出。3.砂锅中注水烧开，放入鸡肉块、桑寄生、杜仲，搅拌均匀。淋入料酒，烧开后用小火煮至熟。4.加入盐、鸡粉，煮至食材入味即可。

桑寄生连翘鸡爪汤

●难易度：★☆☆　●功效：丰胸美容

🥚 原 料　桑寄生15克，连翘15克，蜜枣2颗，鸡爪350克

🧂 调 料　盐2克，鸡粉2克

🍳 做 法

1.洗净的鸡爪切去爪尖，斩成小块，汆水。2.砂锅中注水烧开，倒入鸡爪、洗净的桑寄生、连翘、蜜枣、姜片，用小火煮40分钟，放盐、鸡粉，搅拌入味，盛入碗中即可。

益母草乌鸡汤

●难易度：★☆☆ ●功效：养血调经

烹饪时间
Time
62分钟

○ 原料

乌鸡块300克，猪骨段150克，姜片、葱段、益母草各少许

○ 调料

盐2克，鸡粉2克，料酒8毫升，胡椒粉适量

○ 烹饪小提示

汆煮好的食材可以过一下凉水，口感会更好。

✓ 做法

① 取一个纱袋，放入益母草，制成药袋。

② 锅中注水烧开，倒入猪骨段、乌鸡块、料酒，汆片刻捞出。

③ 砂锅中注水烧开，放入药袋、姜片、汆过水的食材，煮熟透。

④ 倒入葱段，拣出药袋；加盐、鸡粉、胡椒粉，搅匀即可。

麦冬黑枣土鸡汤

●难易度：★☆☆　●功效：润肺滋阴

烹饪时间 Time 60分钟

● 原 料

　鸡腿700克，麦冬5克，黑枣10克，枸杞适量

● 调 料

　盐1克，料酒10毫升，米酒5毫升

● 做 法

　1.锅中注水烧开，倒入洗净切好的鸡腿，加入料酒，拌匀，汆煮一会儿至去除血水和脏污，捞出汆好的鸡腿。2.另起砂锅，注水烧热，倒入麦冬、黑枣、鸡腿，加入料酒，拌匀，用大火煮开后转小火续煮至食材熟透。3.加入枸杞，放入盐、米酒，续煮至食材入味即可。

山药红枣鸡汤

●难易度：★☆☆　●功效：益气补血

烹饪时间 Time 44分钟

● 原 料　鸡肉400克，山药230克，红枣、枸杞、姜片各少许

● 调 料　盐3克，鸡粉2克，料酒4毫升

● 做 法

　1.山药切滚刀块；鸡肉切块。2.锅中注水烧开，倒入鸡肉块，淋入料酒，汆去血水，捞出。3.砂锅中注水烧开，倒入鸡肉块、红枣、姜片、枸杞，淋入料酒，煮至食材熟透。4.加盐、鸡粉，煮入味即可。

当归猪皮汤

◎难易度：★☆☆　◎功效：健脾补血

烹饪时间
Time
62分钟

◎原料

猪皮200克，桂圆肉25克，红枣20克，当归10克

◎调料

盐、鸡粉各少许

◎烹饪小提示

切猪皮时，最好去除其上面的肥肉，这样煮好的汤品口感会更佳。

✍ 做法

❶ 猪皮切粗丝；锅中注水烧开，倒入猪皮丝，煮片刻，捞出。

❷ 砂锅中注水烧开，倒入猪皮、桂圆肉、红枣、当归，搅拌匀。

❸ 煮沸后用小火煮至食材熟透，加入少许鸡粉、盐，拌匀调味。

❹ 煮至汤汁入味，盛出煮好的猪皮汤，装入碗中即成。

烹饪时间
Time
42分钟

灵芝木耳猪皮汤

◎难易度：★☆☆ ◎功效：益气安神

🍖 原 料

水发木耳35克，胡萝卜75克，猪皮块85克，灵芝、桂圆肉各适量，姜片少许

🧂 调 料

盐、鸡粉各2克

🍳 做 法

1.洗净的木耳切小块；洗好的胡萝卜切块。

2.砂锅中注水烧开，倒入灵芝、桂圆肉、木耳、胡萝卜，拌匀，倒入备好的猪皮，撒入姜片，拌匀，烧开后用小火煮至食材熟透。3.加入盐、鸡粉调味，盛出煮好的汤料，装入碗中，待稍微放凉后即可食用。

萝卜干蜜枣猪蹄汤

◎难易度：★☆☆ ◎功效：补血滋阴

🍖 原 料

猪蹄块300克，萝卜干55克，蜜枣35克，姜片、葱段各少许

🧂 调 料

盐、鸡粉各少许，料酒7毫升

🍳 做 法

1.锅中注水烧开，放入洗净的猪蹄块，淋入少许料酒，汆去腥味，捞出。2.砂锅中注水烧热，倒入猪蹄块，撒上姜片、葱段，放入洗净的蜜枣、萝卜干，淋入料酒，烧开后用小火煮至食材熟透。3.加入盐、鸡粉调味，用中火略煮，至汤汁入味，盛出猪蹄汤，装在汤碗中即成。

烹饪时间
Time
62分钟

瘦肉莲子汤

◉难易度：★☆☆　◉功效：益气健脾

烹饪时间
Time
32分钟

◉原 料

猪瘦肉200克，莲子40克，胡萝卜50克，党参15克

◉调 料

盐2克，鸡粉2克，胡椒粉少许

◯ 烹饪小提示

可将莲子心去除，以免有苦味。

✎ 做 法

① 洗好的胡萝卜切小块；洗净的猪瘦肉切片，备用。

② 砂锅中注水，加入莲子、党参、胡萝卜，放入瘦肉，拌匀。

③ 用小火煮30分钟，放入少许盐、鸡粉、胡椒粉。

④ 搅拌拌匀，至食材入味，盛出煮好的汤料，装入碗中即可。

烹饪时间
Time
51分钟

山药红枣猪蹄汤

◉难易度：★★☆　◉功效：催乳美容

原 料

猪蹄400克，山药200克，姜块20克，红枣20克

调 料

白醋10毫升，料酒10毫升，盐2克，鸡粉2克

做 法

1. 洗净的山药去皮，切成块，放入水中。
2. 锅中注水烧开，倒入猪蹄，淋入白醋，汆去血水，用汤勺捞出浮沫，捞出。3. 取一个砂锅，倒入清水，煮沸，放入红枣、猪蹄、姜块，淋入料酒，用小火炖30分钟，放入山药，用小火炖20分钟。4. 放入盐、鸡粉，搅匀至入味，盛出，装盘即可。

花胶党参莲子瘦肉汤

◉难易度：★☆☆　◉功效：益气美容

原 料

水发花胶80克，瘦肉150克，水发莲子50克，桂圆肉15克，水发百合50克，党参20克

调 料

盐2克

做 法

1. 花胶切块；洗净的瘦肉切块。2. 锅中注水烧开，倒入瘦肉，汆煮片刻，捞出汆煮好的瘦肉，沥干水分。3. 砂锅中注入适量清水，倒入瘦肉、花胶、莲子、党参、桂圆肉、百合，拌匀，大火煮开转小火煮3小时至食材熟软。4. 加入盐，搅拌片刻至入味，盛出煮好的汤，装入碗中即可。

烹饪时间
Time
182分钟

百合花旗参腰花汤

◉难易度：★☆☆ ◉功效：生津益气

◉ **原料**

猪腰240克，蒲公英5克，红枣15克，干百合、花旗参各少许

◉ **调料**

盐2克，鸡粉2克，料酒4毫升，胡椒粉少许

◉ **烹饪小提示**

在猪腰上切花刀时，最好深浅一致，这样受热更均匀。

✎ **做法**

❶ 处理干净的猪腰对半切开，去除筋膜，切上花刀，再切条形。

❷ 砂锅中注水烧热，倒入全部食材及药材，淋入少许料酒。

❸ 烧开后用小火煮至食材熟透，加入少许盐、鸡粉、胡椒粉。

❹ 搅拌均匀，至食材入味，盛出煮好的汤料，装入碗中即可。

鲫鱼红豆汤

●难易度：★☆☆　●功效：利水消肿

🥘 原 料

鲫鱼400克，水发红豆100克，姜片、葱花各少许

🧂 调 料

盐2克，料酒8毫升，食用油适量

🍴 做 法

1. 处理干净的鲫鱼两面切上一字花刀，备用。
2. 用油起锅，放入处理好的鲫鱼，煎出焦香味，将鱼翻面，煎至焦黄色，淋入料酒，倒入适量清水，放入姜片，倒入洗净的红豆，用小火煮至鲫鱼熟透。3.加入盐，略煮片刻，盛出煮好的汤料，装入汤碗中，撒上葱花即可。

雪梨无花果鹧鸪汤

●难易度：★★☆　●功效：润肺止咳

🥘 原 料　雪梨1个，鹧鸪200克，无花果20克，姜片少许

🧂 调 料　盐、鸡粉各2克，料酒4毫升

🍴 做 法

1. 雪梨、鹧鸪切小块。2.锅中注水烧开，倒入鹧鸪块，汆去除血渍后捞出。3.砂锅中注水烧开，加入无花果、姜片、鹧鸪块、料酒，小火炖至食材熟软。4.倒入雪梨块，续煮片刻，加盐、鸡粉调味即成。

陈皮绿豆汤

◉难易度：★☆☆ ◉功效：清热止咳

烹饪时间
Time
58分钟

◎ 原　料

水发绿豆200克，水发陈皮丝8克

◎ 调　料

冰糖适量

◎ 烹饪小提示

陈皮不宜煮太久，以免影响其口感，在绿豆煮熟后再放入陈皮即可。

✎ 做法

❶ 砂锅中注入适量清水，用大火烧开。

❷ 倒入备好的绿豆，搅拌匀，煮开后转小火煮至其熟软。

❸ 倒入泡软的陈皮，搅匀，续煮片刻，倒入冰糖，煮至溶化。

❹ 关火后将煮好的绿豆汤盛出，装入碗中即可食用。

牛奶桂圆燕麦西米露

◉难易度：★ ☆ ☆　◉功效：丰胸美白

◉烹饪时间 Time 40分钟

🍲 原 料

燕麦50克，西米60克，桂圆肉25克，牛奶200毫升

🍶 调 料

白糖25克

🥄 做 法

1.锅中注入适量清水烧开，放入燕麦、西米、桂圆肉，搅拌均匀。2.盖上盖，用小火煮30分钟至食材熟透，倒入适量牛奶，搅拌匀，煮至沸。3.加入白糖搅拌匀，煮至溶化，关火后盛出煮好的粥，装入碗中即可。

芦荟银耳炖雪梨

◉难易度：★ ☆ ☆　◉功效：滋阴润肤

◉烹饪时间 Time 26分钟

🍲 原 料
芦荟85克，水发银耳130克，红薯100克，雪梨110克，枸杞10克

🍶 调 料
冰糖40克

🥄 做 法

1.洗净去皮的雪梨、红薯切小块；芦荟切成小块；银耳切去黄色根部，再切成小块。2.砂锅中注水烧开，倒入红薯、银耳、雪梨，用小火煮至食材熟软。3.加入冰糖、枸杞、芦荟，续煮片刻即可。

雪莲果百合银耳糖水

◉难易度：★☆☆　◉功效：滋阴润肺

烹饪时间
Time
22分钟

◉原 料

水发银耳100克，雪莲果90克，百合20克，枸杞10克

◉调 料

冰糖40克

◉烹饪小提示

银耳最好事先焯煮一会儿，这样煮好的糖水味道才更好。

◉做 法

❶ 洗净的银耳切小块；洗净去皮的雪莲果切小块。

❷ 砂锅中注水烧开，倒入银耳、雪莲果、百合、枸杞，搅拌匀。

❸ 煮沸后用小火煮片刻，倒入冰糖，续煮至糖分完全溶化。

❹ 盛出煮好的银耳糖水，装入碗中即成。

烹饪时间
Time
22分钟

火龙果芦荟糖水

◎难易度：★☆☆　◎功效：利水消肿

🥬 原料

火龙果300克，芦荟50克，桂圆肉30克

🧂 调料

冰糖20克

🍳 做法

1.洗净的火龙果切块，去皮，再切成小块；洗好的芦荟去皮，再切成小块，备用。2.砂锅中注入适量清水烧开，倒入桂圆肉、火龙果、芦荟，拌匀，用小火煮约20分钟至食材熟透。3.揭开盖，放入冰糖，拌匀，煮约半分钟至其溶化。4.盛出煮好的糖水，装入碗中即可。

淮山板栗猪蹄汤

◎难易度：★☆☆　◎功效：美白护肤

🥬 原料

猪蹄500克，板栗150克，淮山、姜片各少许

🧂 调料

盐3克

🍳 做法

1.锅中注入适量的清水大火烧开，倒入猪蹄，搅拌片刻去除血水杂质；将猪蹄捞出，沥干水分待用。2.砂锅中注水烧热，倒入猪蹄、淮山、板栗、姜片，搅拌片刻，烧开后转小火煮2个小时至药性析出，撇去汤面的浮沫。3.加盐，搅匀调味，盛入碗中即可食用。

烹饪时间
Time
2小时

海藻海带瘦肉汤

●难易度：★☆☆　●功效：清心除烦

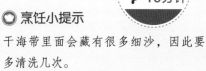

烹饪时间
Time
10分钟

原 料

水发海藻60克，水发海带70克，猪瘦肉85克，葱花少许

调 料

料酒4克，盐2克，鸡粉2克，胡椒粉少许

烹饪小提示

干海带里面会藏有很多细沙，因此要多清洗几次。

做 法

① 洗净的海带切开，再切小块；洗好的猪瘦肉切薄片。

② 把肉片装碗，加盐、水淀粉、料酒，拌匀，腌渍入味。

③ 锅中注水烧开，倒入海带、海藻、肉片，拌匀，煮至熟透。

④ 加盐、鸡粉、胡椒粉，拌匀调味；盛出点缀上葱花即可。

灵芝银耳糖水

●难易度：★☆☆　●功效：益气养阴

原料

水发银耳85克，灵芝少许

调料

冰糖少许

做法

1.洗净的银耳切去根部，再切成小块。2.砂锅中注水烧热，倒入灵芝，烧开后用小火煮约15分钟，至其析出有效成分。3.放入银耳，用小火煮约1小时至其熟烂，倒入冰糖，拌匀，用大火煮至溶化，关火后盛出煮好的糖水即可。

烹饪时间
Time 80分钟

萝卜瘦身汤

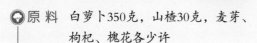

●难易度：★☆☆　●功效：通肠排毒

原料　白萝卜350克，山楂30克，麦芽、枸杞、槐花各少许

调料　盐2克

做法

1.洗净的山楂去除头尾，去核，再切小块；洗好去皮的白萝卜，切细丝。2.砂锅中注水烧开，倒入枸杞、麦芽、山楂、槐花、白萝卜，烧开后用小火煮至食材熟透。3.加盐搅拌均匀，略煮至入味即可。

烹饪时间
Time 22分钟

薏米冬瓜鲫鱼汤

●难易度：★☆☆　●功效：健脾利尿

烹饪时间
Time
35分钟

◎ 原料

鲫鱼块350克，冬瓜170克，水发薏米、
姜片各适量

◎ 调料

盐2克，鸡粉2克，食用油适量

◎ 烹饪小提示

熬制鱼汤时可用开水，这样煮好的鱼
汤才会味道鲜美。

◎ 做法

❶ 洗好的冬瓜切块，煎锅置火上烧热，淋入少许食用油。

❷ 放入鲫鱼块，煎至两面金黄，盛出；放入纱袋中，制成鱼袋。

❸ 砂锅中注水烧开，倒入薏米、姜片、鱼袋、冬瓜，煮至熟。

❹ 加盐、鸡粉，拌匀调味，拣出鱼袋即可。

烹饪时间
Time
21分钟

雪莲果银耳甜汤

◉难易度：★☆☆　◉功效：滋阴润肤

🍲 **原 料**

雪莲果150克，水发银耳100克，红枣25克，枸杞10克

🥣 **调 料**

冰糖30克

⏱ **做 法**

1.洗好的银耳切去黄色的根部，再切成小块；洗净去皮的雪莲果切成丁。2.砂锅中注水烧开，倒入雪莲果，加入红枣、枸杞，放入银耳，搅拌匀，烧开后用小火煮至食材熟透。3.放入冰糖，拌匀，煮至冰糖溶化，盛出，装入碗中即可。

益母草红豆汤

◉难易度：★☆☆　◉功效：补血润肤

🍲 **原 料**

水发红豆90克，益母草少许

🥣 **调 料**

红糖10克

⏱ **做 法**

1.砂锅中注入适量清水烧热，倒入备好的益母草、红豆，搅拌均匀，盖上盖，烧开后用小火煮约35分钟至食材熟透。2.揭盖，倒入红糖，拌匀，煮至溶化。3.捞出益母草，关火后盛出煮好的红豆汤即可。

烹饪时间
Time
40分钟

木瓜煲猪脚

◉难易度：★☆☆ ◉功效：增强免疫

烹饪时间
Time
81分钟

◉原 料

猪脚块300克，木瓜270克，姜片、葱段
各少许

◉调 料

料酒4毫升，盐、鸡粉各2克

◉烹饪小提示

放些姜片，可减少菜肴的油腻感。

◉做 法

❶ 洗净去皮的木瓜切开，去瓤，再切条形，改切成块。

❷ 锅中注水烧开，倒入猪脚，淋入料酒，汆去血水，捞出。

❸ 姜片下锅，煮沸；倒入猪脚、葱段、料酒，煲至猪脚熟软。

❹ 倒入木瓜，续煮至食材熟透；加入盐、鸡粉，拌匀调味即可。

紫薯牛奶豆浆

●难易度：★☆☆　●功效：延年益寿

原料

紫薯30克，水发黄豆50克，牛奶200毫升

做法

1.洗净的紫薯切成滚刀块。2.把紫薯放入豆浆机中，倒入牛奶、已浸泡8小时的黄豆，注水至水位线，盖上豆浆机机头，选择"五谷"程序，再选择"开始"键，开始打浆，待豆浆机运转约15分钟，即成豆浆。3.将豆浆机断电，把煮好的豆浆倒入滤网，滤取豆浆，倒入碗中，用汤匙捞去浮沫，待稍微放凉后即可。

紫薯百合银耳汤

●难易度：★☆☆　●功效：养阴安神

原料

紫薯50克，水发银耳95克，鲜百合30克

调料

冰糖40克

做法

1.洗好的银耳切去黄色根部，再切成小块；洗净去皮的紫薯切成丁。2.砂锅中注水烧开，倒入紫薯、银耳，烧开后用小火煮至食材熟软。3.加入洗好的百合，倒入冰糖，搅拌匀，用小火续煮至冰糖溶化，把汤料盛出，装入汤碗中即可。

老年人滋补汤

山药田七炖鸡汤

◉难易度：★☆☆　◉功效：活血祛瘀

烹饪时间
Time
42分钟

◎ 原料

鸡肉块300克，胡萝卜120克，山药90克，田七、姜片各少许

◎ 调料

盐1克，鸡粉1克，料酒4毫升

◎ 烹饪小提示

田七可碾碎后再煮，这样能充分发挥其功效。

◎ 做法

❶ 洗净去皮的山药切滚刀块；洗好去皮胡萝卜切滚刀块。

❷ 锅中注水烧开，倒入鸡肉块，淋入料酒，氽去血水，捞出。

❸ 砂锅注水烧热，倒入田七、姜、鸡块、胡萝卜、山药、料酒。

❹ 烧开后用小火煮至食材熟透，加入盐、鸡粉，拌匀调味即成。

山药胡萝卜鸡翅汤

◉难易度：★☆☆ ◉功效：补肝益肾

烹饪时间 Time 32分钟

🍲 原料

山药180克，鸡中翅150克，胡萝卜100克，姜片、葱花各少许

🍶 调料

盐2克，鸡粉2克，胡椒粉少许，料酒适量

🥄 做法

1.洗净去皮的山药切成丁；洗好去皮的胡萝卜切成小块；洗净的鸡中翅斩成小块。2.锅中注水烧开，倒入鸡中翅，淋入料酒，搅匀，煮沸，撇去浮沫，捞出。3.砂锅中注水烧开，倒入鸡中翅、胡萝卜、山药，放入姜片，淋入料酒，转小火煮至食材熟透。4.放入盐、鸡粉、胡椒粉，搅拌匀；盛出装碗，放入葱花即可。

核桃花生木瓜排骨汤

◉难易度：★☆☆ ◉功效：益智健脑

🍲 原料

核桃仁30克，花生仁30克，红枣25克，排骨块300克，青木瓜150克，姜片少许

🍶 调料

盐2克

🥄 做法

1.洗净的木瓜切块。2.锅中注入适量清水烧开，倒入排骨块，汆煮片刻，将汆煮好的排骨块沥干水分。3.砂锅中注入适量清水，倒入排骨块、青木瓜、姜片、红枣、花生仁、核桃仁，拌匀，大火煮开转小火煮3小时至食材熟透。4.加入盐，搅拌片刻至入味，盛出煮好的汤，装入碗中即可。

烹饪时间 Time 183分钟

莲藕萝卜排骨汤

◉难易度：★★☆　◉功效：清热解毒

烹饪时间
Time
80分钟

◉ 原 料

排骨段270克，白萝卜160克，莲藕200克，白菜叶60克，姜片少许

◉ 调 料

盐少许

◉ 做 法

◉ 烹饪小提示

白菜可先放入白菜梗煮一会儿再加入菜叶煮，这样可使其口感更佳。

1 洗净去皮的莲藕切滚刀块；白菜叶切段；白萝卜切小方块。

2 锅中注水烧开，倒入排骨段，搅拌片刻，余去血水，捞出。

3 砂锅中注水烧开，倒入姜片、排骨，煮至排骨熟软。

4 倒入莲藕、白萝卜、白菜煮片刻；加盐，煮至食材入味即可。

小麦红枣猪脑汤

●难易度：★☆☆ ●功效：养血除烦

烹饪时间
Time
82分钟

🍲 原 料

红枣20克，浮小麦10克，猪脑1具

🫕 调 料

盐2克，鸡粉2克，料酒8毫升

🍴 做 法

1.砂锅中注入适量清水烧开，倒入洗净的红枣、浮小麦，搅匀，用小火煮20分钟，至其析出有效成分。2.倒入处理好的猪脑，淋入料酒，用小火再炖1小时，至食材熟透。3.放入少许盐、鸡粉，搅拌片刻，使食材入味，盛出煮好的汤料，装入碗中即可。

灵芝炖猪心

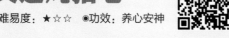

●难易度：★☆☆ ●功效：养心安神

烹饪时间
Time
43分钟

🍲 原 料　猪心300克，灵芝5克，姜片少许

🫕 调 料　盐3克，鸡粉2克，料酒少许

🍴 做 法

1.将洗净的猪心切开，再切成薄片，备用。2.砂锅中注入适量清水烧开，倒入备好的姜片、灵芝，放入切好的猪心，淋入料酒，拌匀调味，烧开后用小火炖煮至食材熟透。3.加盐、鸡粉拌匀即可。

佛手元胡猪肝汤

◎难易度：★★☆　◎功效：疏肝解郁

烹饪时间
Time
16分钟

🥦 原料

猪肝270克，佛手、元胡、制香附、葱花各少许

🧂 调料

盐2克，鸡粉2克，料酒4毫升，胡椒粉2克，水淀粉4毫升

🍲 烹饪小提示

猪肝片可切得稍厚些，这样吃起来比较有弹性。

🍳 做法

① 猪肝切片，加入盐、鸡粉、水淀粉、料酒，腌渍入味。

② 砂锅中注水烧热，倒入佛手、元胡、制香附、姜片，煮片刻。

③ 加入盐、鸡粉调味，放入猪肝，拌匀，用大火略煮一会儿。

④ 撒上胡椒粉，拌匀，至食材入味，撇去浮沫，撒上葱花即可。

莲子补骨脂猪腰汤

●难易度：★☆☆　●功效：健腰壮骨

烹饪时间
Time
43分钟

原料

水发莲子120克，姜片20克，芡实40克，补骨脂10克，猪腰300克

调料

盐3克，鸡粉2克，料酒10毫升

做法

1.洗好的猪腰切开，去除筋膜，切成小块。2.砂锅中注水烧开，倒入洗净的补骨脂、芡实，撒入姜片，放入洗好的莲子，用小火煮至药材析出有效成分。3.倒入猪腰，淋入料酒，用小火续煮至食材熟透，放入盐、鸡粉，搅拌片刻，至食材入味，盛出，装入碗中即可。

猪血豆腐青菜汤

●难易度：★☆☆　●功效：补血益寿

烹饪时间
Time
5分钟

原料
猪血300克，豆腐270克，生菜30克，虾皮、姜片、葱花少许

调料
盐2克，鸡粉2克，胡椒粉、食用油各适量

做法

1.洗净的豆腐、猪血切小块。2.锅中注水烧开，倒入虾皮、姜片、豆腐、猪血，加盐、鸡粉拌匀，用大火煮2分钟。3.淋入少许油，放入生菜，撒入胡椒粉，搅拌至食材入味，盛出装碗，撒上葱花即可。

雪莲果猪骨汤

●难易度：★★☆ ●功效：强身健骨

烹饪时间
Time
47分钟

🔘 原 料

猪骨段300克，雪莲果130克，胡萝卜80克，水发莲子50克，蜜枣30克，干百合20克，姜片、葱花各少许

🔘 调 料

盐3克，鸡粉少许，料酒5毫升

🔘 烹饪小提示

猪骨段最好切得短一些，这样汆水时血渍才更易清除干净。

🔘 做 法

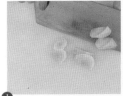

1 洗净去皮的胡萝卜切滚刀块；洗好去皮的雪莲果切小块。

2 猪骨焯水捞出；砂锅注水烧开，加莲子、百合、姜、蜜枣。

3 倒入猪骨段、料酒，煮至熟软，倒入胡萝卜、雪莲果，煮熟。

4 加盐、鸡粉拌匀，续煮至汤汁入味，撒上葱花即成。

麦冬冬瓜排骨汤

◉难易度：★☆☆ ◉功效：清心安神

原 料

冬瓜500克，排骨段300克，麦冬20克，姜片、葱花各少许

调 料

盐少许，鸡粉2克，料酒10毫升

做 法

1.洗净去皮的冬瓜切小块。2.锅中注水烧开，倒入排骨段，淋入少许料酒，汆去血水，捞出。3.砂锅中注水烧开，放入洗净的麦冬，撒上姜片，倒入排骨段，淋入料酒，拌匀提味，烧开后用小火煲煮至食材熟软。4.倒入冬瓜块，用小火续煮至食材熟透，加入鸡粉、盐调味，盛出汤，装入汤碗中，撒上葱花即成。

枇杷叶薏米雪梨汤

◉难易度：★☆☆ ◉功效：养阴润燥

原 料

雪梨块200克，水发薏米60克，枇杷叶、陈皮各少许

调 料

冰糖3克

做 法

1.砂锅中注入适量清水烧热，倒入备好的雪梨块、枇杷叶、陈皮、薏米。2.盖上盖，烧开后用小火煲煮约30分钟。3.揭开盖，倒入冰糖，拌匀，煮至溶化。4.关火后盛出煮好的汤料即可。

无花果茶树菇鸭汤

◎难易度：★★☆　◎功效：大补虚劳

烹饪时间
Time
42分钟

◎原料

鸭肉500克，水发茶树菇120克，无花果20克，枸杞、姜片、葱花各少许

◎调料

盐2克，鸡粉2克，料酒18毫升

◎烹饪小提示

鸭肉含油比较多，可以在煮好后捞去表层的鸭油，以免太油腻。

◎做法

❶ 洗好的茶树菇切去老茎，切成段；洗净的鸭肉斩小块。

❷ 鸭块下锅，焯水，捞出；砂锅中注水烧开，倒入鸭块。

❸ 加入无花果、枸杞、姜片、茶树菇，淋入料酒，煮至熟透。

❹ 放入鸡粉、盐，搅匀调味，将汤料盛出，撒上葱花即可。

火腿冬笋鳝鱼汤

◎难易度：★☆☆ ◎功效：健脾开胃

原 料

鳝鱼肉200克，火腿70克，芥蓝75克，竹笋50克，姜片、葱花各少许

调 料

盐3克，鸡粉2克，食用油适量

做 法

1.洗净去皮的竹笋切成片；洗好的火腿切成片；芥蓝切小段；鳝鱼肉切小块。2.锅中注水烧开，加入盐，放入竹笋片，煮沸后倒入鳝鱼肉，煮约半分钟，捞出食材。3.用油起锅，放入姜片，倒入火腿片炒香，注入清水，倒入氽过水的食材，加入鸡粉、盐调味，烧开后用小火煮至食材熟透，捞出浮沫，倒入芥蓝，续煮至其熟软；盛出装入汤碗中，撒上葱花即成。

桔梗牛丸汤

◎难易度：★☆☆ ◎功效：滋阴补虚

原 料

牛肉丸350克，玉竹15克，桔梗20克，南杏仁25克，水发木耳40克，胡萝卜70克

调 料

盐2克，鸡粉2克，胡椒粉少许

做 法

1.洗好的木耳切成小块；洗净去皮的胡萝卜切成粒。2.砂锅中注水烧开，倒入药材，放入木耳，用小火煮至药材析出有效成分，倒入牛肉丸，用小火续煮至牛肉丸熟透。3.加入鸡粉、盐、胡椒粉，用勺搅拌匀，略煮片刻，至食材入味，盛出汤料，装入汤碗中，撒上胡萝卜粒即可。

牛奶鲫鱼汤

◉难易度：★☆☆ ◉功效：补钙强身

烹饪时间
Time
6分钟

◉原 料

净鲫鱼400克，豆腐200克，牛奶90毫升，姜丝、葱花各少许

◉调 料

盐2克，鸡粉少许

◉烹饪小提示

倒入牛奶后不宜用大火煮，以免降低其营养价值。

◉做 法

❶ 豆腐切小方块；用油起锅，放入鲫鱼，煎至两面断生，盛出。

❷ 锅中注水烧开，撒上姜丝，放入鲫鱼，加鸡粉、盐搅匀调味。

❸ 煮至鱼肉熟软，放入豆腐块，再倒入牛奶，轻轻搅拌匀。

❹ 煮至豆腐入味，盛出鲫鱼汤，装入汤碗中，撒上葱花即成。

西红柿生鱼豆腐汤

◉难易度：★☆☆　◉功效：滋阴生津

烹饪时间 Time 5分钟

🍲 原 料

生鱼块500克，西红柿100克，豆腐100克，姜片、葱花各少许

🧂 调 料

盐3克，鸡粉3克，料酒10毫升，胡椒粉少许，食用油适量

🔪 做 法

1. 洗净的豆腐切成块；洗好的西红柿切成瓣。
2. 用油起锅，放入姜片，倒入洗净的生鱼块，煎出香味，淋入料酒，加入适量开水，加入盐、鸡粉，倒入切好的西红柿，放入豆腐，用中火煮至入味。3. 放入胡椒粉，拌匀，盛出煮好的汤料，装入碗中，撒入少许葱花即可。

金樱子鲫鱼汤

◉难易度：★☆☆　◉功效：涩精止遗

🍲 原 料

鲫鱼400克，金樱子20克，姜片、葱花各少许

🧂 调 料

料酒10毫升，盐3克，鸡粉3克

🔪 做 法

1. 用油起锅，放入宰杀处理干净的鲫鱼，煎出焦香味，晃动炒锅，煎约3分钟至其呈焦黄色，放入姜片，淋入料酒，加入适量开水。2. 放入金樱子、盐、鸡粉，拌匀调味，用小火焖煮至食材熟透。3. 关火后盛出煮好的汤料，撒上葱花即可。

烹饪时间 Time 15分钟

紫菜萝卜蛋汤

●难易度：★☆☆ ●功效：通利肠道

烹饪时间
Time
3分钟

原 料

水发紫菜160克，白萝卜230克，鸭蛋70克，陈皮末、葱花各少许

调 料

盐、鸡粉各2克，芝麻油少许

烹饪小提示

生萝卜与人参、西洋参药性相克，不可同食，以免药效相反，起不到补益作用。

做 法

❶ 洗净去皮的白萝卜切细丝；将鸭蛋打入碗中，制成蛋液。

❷ 锅中注水烧热，倒入陈皮末，煮沸，倒入白萝卜，煮至断生。

❸ 放入紫菜，拌匀，煮至沸腾，加盐、鸡粉、芝麻油，拌匀。

❹ 倒入蛋液，拌匀煮至呈蛋花状，盛出，点缀上葱花即可。

竹荪冬瓜丸子汤

●难易度：★☆☆　●功效：降压降脂

🍲 原 料

水发竹荪50克，冬瓜200克，牛肉末100克，姜末、葱花各少许

🧂 调 料

料酒4毫升，蚝油8克，盐2克，胡椒粉少许，芝麻油4毫升，生粉10克，鸡粉2克

🍳 做 法

1. 豆腐切小方块；竹荪切成段；冬瓜切成片。
2. 将牛肉末装碗，放入姜末、葱花、料酒、蚝油、盐、胡椒粉、芝麻油、生粉，搅拌匀。
3. 锅中注水烧开，放入豆腐、冬瓜、竹荪，煮至沸，将牛肉馅制成肉丸放入锅中，加盐、鸡粉、芝麻油搅匀，盛出，撒上葱花即可。

烹饪时间 Time 20分钟

冬瓜红豆汤

●难易度：★☆☆　●功效：利尿降压

🍲 原 料　冬瓜300克，水发红豆180克

🧂 调 料　盐3克

🍳 做 法

1. 洗净去皮的冬瓜切块，再切条，改切成丁。2. 砂锅中注入适量清水烧开，倒入洗净的红豆，烧开后转小火炖至红豆熟软，放入冬瓜丁，用小火再炖至食材熟透。3. 放入少许盐，拌匀调味即成。

烹饪时间 Time 52分钟

木瓜银耳炖鹌鹑蛋

◉难易度：★☆☆　◉功效：延缓衰老

烹饪时间
Time
27分钟

◯ 原 料

木瓜200克，水发银耳100克，鹌鹑蛋90克，红枣20克，枸杞10克

◯ 调 料

白糖40克

◯ 烹饪小提示

鹌鹑蛋煮熟后放入冷水中泡一下，可以更容易去除蛋壳。

◯ 做 法

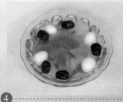

❶ 洗净去皮的木瓜切小块；洗好的银耳切成小块，备用。

❷ 砂锅中注水烧开，放入红枣、木瓜、银耳，炖至食材熟软。

❸ 放入鹌鹑蛋、冰糖，煮至冰糖溶化，加入枸杞，再煮片刻。

❹ 继续搅拌，使其更入味，盛出煮好的食材，装入碗中即可。

淮山冬瓜汤

●难易度：★☆☆ ●功效：健脾补肾

原料

山药100克，冬瓜200克，姜片、葱段
各少许

调料

盐2克，鸡粉2克，食用油适量

做法

1.洗净去皮的山药切成片；洗好去皮的冬瓜
切成片。2.用油起锅，放入姜片，爆香，倒入
切好的冬瓜，拌炒匀，注入适量清水，放入山
药，烧开后用小火煮15分钟至食材熟透。3.放
入盐、鸡粉，拌匀调味，将锅中汤料盛出，装
入碗中，放入葱段即可。

银耳山药甜汤

●难易度：★☆☆ ●功效：润肺健脾

原料 水发银耳160克，山药180克

调料 白糖、水淀粉各适量

做法

1.去皮洗净的山药切成小块；洗净的银耳
去除根部，改切成小朵，备用。2.砂锅中
注入适量清水烧热，倒入山药、银耳，烧
开后用小火煮至食材熟软。3.加白糖、水
淀粉，拌匀，煮至汤汁浓稠即可。

冬瓜银耳莲子汤

●难易度：★☆☆　　●功效：降低血压

烹饪时间
Time
40分钟

◎ 原 料

冬瓜300克，水发银耳100克，水发莲子90克

◎ 调 料

冰糖30克

◎ 烹饪小提示

冰糖要最后放，否则煮久了汤会变黄，影响成品外观。

◎ 做 法

❶ 洗净的冬瓜切成丁；洗好的银耳切小块，备用。

❷ 2.砂锅中注入水烧开，倒入莲子、银耳，用小火煮至食材熟软。

❸ 倒入冬瓜丁，搅拌均匀，用小火再煮，至冬瓜熟软。

❹ 加入白糖，搅拌至入味，将煮好的甜汤盛出，装入碗中即可。

人参雪梨马蹄饮

◉难易度：★☆☆　◉功效：补气养阴

🍲 原 料

人参片3克，雪梨200克，马蹄180克，桂圆肉40克，甘蔗150克，牛奶100毫升

🔪 做 法

1.洗净去皮的马蹄切小块；洗好的雪梨去皮，去核，切成小块。2.砂锅中注入适量清水烧开，倒入备好的材料，拌匀，用小火煮15分钟，至食材熟透。3.倒入适量牛奶，搅拌片刻，至混合均匀，关火后把煮好的甜汤盛入碗中即可。

烹饪时间
Time
16分钟

甘蔗雪梨糖水

◉难易度：★☆☆　◉功效：生津止渴

🍲 原 料

甘蔗200克，雪梨100克

🔪 做 法

1.洗净去皮的甘蔗切小段，再拍裂；洗净的雪梨去除果核，再把果肉切成丁。2.砂锅中注水烧开，倒入切好的甘蔗、雪梨，煮沸后用小火煮至食材熟软。3.关火后盛出煮好的糖水，装入汤碗中，待稍微放凉后即可饮用。

烹饪时间
Time
16分钟

猪血山药汤

◉难易度：★☆☆　◉功效：滋阴补血

烹饪时间
Time
13分钟

◎ 原 料

猪血270克，山药70克，葱花少许

◎ 调 料

盐2克，胡椒粉少许

◎ 烹饪小提示

猪血要汆水后再烹饪，这样可以去除腥味。

✐ 做 法

❶ 洗净去皮的山药切厚片，洗好的猪血切小块，备用。

❷ 锅中注水烧热，倒入猪血，汆去污渍，捞出，沥干待用。

❸ 另起锅，注水烧开，倒入猪血、山药，煮至食材熟透。

❹ 加盐拌匀；取汤碗，撒入胡椒粉，盛入汤料，放上葱花即可。

烹饪时间
Time
11分钟

百合葡萄糖水

◉难易度：★ ☆☆　◉功效：养阴润肺

🍳 **原 料**

| 葡萄100克，鲜百合80克

🥄 **调 料**

| 冰糖20克

🧭 **做 法**

1.洗净的葡萄剥去果皮，把果肉装入小碗中，待用。2.砂锅中注入适量清水烧开，倒入洗净的百合，放入备好的葡萄，煮沸后转小火煮约10分钟，至食材析出营养物质，倒入冰糖，搅拌匀，用大火续煮至糖分完全溶化。3.关火后盛出煮好的葡萄糖水，装入汤碗中即成。

枣仁鲜百合汤

◉难易度：★ ☆☆　◉功效：安神助眠

🍳 **原 料**

| 鲜百合60克，酸枣仁20克

🧭 **做 法**

1.洗净的酸枣仁切碎，备用。2.砂锅中注入适量清水烧热，倒入酸枣仁，盖上盖，用小火煮约30分钟，至其析出有效成分。3.揭盖，倒入洗净的百合，搅拌匀，用中火煮约4分钟，至食材熟透。4.关火后盛出煮好的汤料，装入碗中即成。

烹饪时间
Time
35分钟

牛奶西米露

◉难易度：★☆☆　◉功效：润肺滋阴

烹饪时间
Time
22分钟

◉原 料

西米80克，牛奶30毫升，香蕉70克

◉调 料

白糖10克

◉烹饪小提示

西米宜热水下锅，并不时搅拌，以免粘到一起。

◉做 法

❶ 洗净的香蕉去皮，再切成条形，改切成小丁块，备用。

❷ 砂锅中注水烧开，倒入西米，拌匀，煮沸后转小火煮片刻。

❸ 加入适量牛奶，拌匀，倒入切好的香蕉，拌匀。

❹ 加入少许白糖，搅拌均匀，煮至溶化，盛出煮好的甜汤即可。

Part 3

经典汤羹美，素手调羹忙

　　天色渐晚，厨房里炖着一锅汤，这是多么能够抚慰人心的温暖。谁家餐桌上大概都有那么几道经典的羹汤，或荤或素，或浓或淡，或开胃消暑，或暖胃暖心，又熨帖又熟悉，让人牵肠挂肚。

　　那么，想让你家的餐桌上多几道这样的经典汤羹么？想要荤素搭配么？想要不时换换口味么？下面这些汤品，绝对能满足你的需求。

清补素汤

竹荪黄瓜汤

◉难易度：★☆☆　◉功效：降低血压

◎ **原　料**

黄瓜200克，水发竹荪90克，枸杞10克，鸡汤200毫升

◎ **调　料**

盐少许

◎ **做　法**

❤ **烹饪小提示**

鸡汤味道鲜美，不宜再放入鸡粉提鲜，以免影响汤的美味。

❶ 将洗净的黄瓜切成片；洗好的竹荪切成段，备用。

❷ 锅中注入备好的鸡汤，用大火煮沸。

❸ 倒入竹荪、黄瓜，搅拌匀，煮约1分钟，至食材熟软。

❹ 加入盐，搅匀调味，撒上枸杞，略煮至汤汁入味即成。

西红柿洋葱汤

●难易度：★☆☆　●功效：降低血压

烹饪时间
Time
3分钟

🥄 原料

西红柿150克，洋葱100克

🧂 调料

盐2克，番茄酱15克，鸡粉、食用油各适量

🍴 做法

1.去皮洗净的洋葱切丝；洗好的西红柿切块，备用。2.锅中倒入食用油烧热，放入洋葱丝，快速翻炒匀；倒入西红柿，翻炒片刻；注水，烧开后煮2分钟至食材熟透，加入适量鸡粉、盐、番茄酱搅匀调味。3.关火后盛出煮好的汤料，装入碗中即可。

白菜豆腐汤

●难易度：★☆☆　●功效：清热解毒

烹饪时间
Time
17分钟

🥄 原料　豆腐260克，小白菜65克

🧂 调料　盐2克，芝麻油适量

🍴 做法

1.洗净的小白菜切除根部，再切成丁。2.洗好的豆腐切成小丁块，备用。3.锅中注入适量清水烧开，倒入切好的豆腐、小白菜，搅拌匀，烧开后用小火煮至食材熟软，加入少许盐、芝麻油拌匀调味即可。

胡萝卜银耳汤

◉难易度：★☆☆ ◉功效：增强免疫

烹饪时间
Time
36分钟

◉ **原 料**

胡萝卜200克，水发银耳160克

◉ **调 料**

冰糖30克

🍵 **烹饪小提示**

干银耳宜用温水泡发，其未发开的部分和黄色根部应去除，以免影响口感。

✎ **做 法**

❶ 将洗净去皮的胡萝卜切滚刀块。

❷ 洗好的银耳切去根部，切块。

❸ 砂锅中注入适量清水烧开，放入胡萝卜块、银耳。

❹ 大火煮沸后转小火炖至银耳熟软；加入冰糖，炖至溶化即可。

烹饪时间
Time
40分钟

桑葚莲子银耳汤

●难易度：★☆☆　●功效：美容护肤

原 料

桑葚干5克，水发莲子70克，水发银耳120克

调 料

冰糖30克

做 法

1.洗好的银耳切成小块，备用。2.砂锅中注水烧开，倒入桑葚干，用小火煮15分钟，至其析出营养物质，捞出桑葚，倒入洗净的莲子，加入切好的银耳，用小火再煮20分钟，至食材熟透，倒入冰糖，用小火煮至冰糖溶化。3. 关火后将煮好的汤料盛出，装入碗中即可。

甘蔗木瓜炖银耳

●难易度：★☆☆　●功效：润肺止咳

原 料

水发银耳150克，无花果40克，水发莲子80克，甘蔗200克，木瓜200克

调 料

红糖60克

做 法

1.洗净的银耳切去黄色的根部，切成小块；洗好去皮的甘蔗敲破，切成段；洗净的木瓜去皮，切成丁。2.锅中注水烧开，放入洗净的莲子、无花果、甘蔗、银耳，烧开后用小火炖至食材熟软，放入木瓜，搅拌匀，用小火再炖至食材熟透，放入红糖，拌匀，煮至溶化。3.关火后盛出煮好的汤料，装入汤碗中即可。

烹饪时间
Time
22分钟

烹饪时间
Time
5分钟

胡萝卜西红柿汤

●难易度：★☆☆　●功效：美容抗皱

🌶 原料

胡萝卜30克，西红柿120克，鸡蛋1个，姜丝、葱花各少许

🥄 调料

盐少许，鸡粉2克，食用油适量

◎ 烹饪小提示

倒入蛋液时，要边倒边搅拌，这样打出的蛋花更美观，受热也更加的均匀。

✍ 做法

❶ 洗净去皮的胡萝卜切片；西红柿切片，鸡蛋打入碗中，调匀待用。

❷ 姜丝、胡萝卜片、西红柿片下油锅，炒匀。

❸ 注入适量清水，盖上锅盖，中火煮3分钟。

❹ 揭开锅盖，加入适量盐、鸡粉，拌匀。

❺ 倒入蛋液，边倒边搅拌，至蛋花成形；盛出装碗，撒上葱花即可。

西芹丝瓜胡萝卜汤

◉难易度：★☆☆　◉功效：润肠排毒

原料

丝瓜75克，西芹50克，胡萝卜65克，瘦肉45克，冬瓜120克，水发香菇55克，姜片少许

调料

盐、鸡粉各2克，胡椒粉少许，料酒7毫升，芝麻油适量

做法

1.将去皮洗净的冬瓜、丝瓜、胡萝卜切小块；洗好的西芹切段；洗净的瘦肉、香菇切小块；瘦肉丁汆水。2.锅中注水烧开，倒入瘦肉丁、姜片、香菇、胡萝卜、冬瓜块、西芹段，淋入料酒，用大火煮至断生；放入丝瓜，拌匀，煮熟。3.加盐、鸡粉、胡椒粉、芝麻油拌匀调味，再略煮入味即成。

雪梨杏仁胡萝卜汤

◉难易度：★☆☆　◉功效：清热润肺

原料

去皮胡萝卜150克，雪梨150克，杏仁20克，猪瘦肉200克，水发银耳100克，水发百合50克

调料

盐2克

做法

1.洗净的雪梨去内核，切块；洗好的胡萝卜切块；锅中注入适量清水烧开，倒入猪瘦肉，汆煮片刻，捞出待用。2.砂锅中注入适量清水，倒入猪瘦肉、雪梨、胡萝卜、杏仁、银耳、百合，拌匀，大火煮开转小火煮3小时至食材熟软，加入盐搅拌片刻至入味。3.关火，盛出煮好的汤，装入碗中即可。

土茯苓胡萝卜汤

●难易度：★☆☆　●功效：清热解毒

烹饪时间
Time
31分钟

○ 原料

胡萝卜85克，马蹄肉50克，水发木耳45克，土茯苓少许

○ 调料

盐2克

○ 烹饪小提示

胡萝卜肉质较硬，最好切得小一些，这样煮起来比较容易熟。

○ 做法

❶ 洗净的木耳、马蹄肉切块。

❷ 洗净去皮的胡萝卜切开，再切条形，用斜刀切块，备用。

❸ 砂锅中注水烧开，倒入全部原料，煮至食材熟透。

❹ 加入盐，续煮片刻至食材入味，关火后盛出煮好的汤料即可。

芋头汤

●难易度：★☆☆ ●功效：增强免疫

烹饪时间
Time
31分钟

原 料

芋头260克，葱花少许

调料

料酒4毫升，生抽3毫升，胡椒粉、盐各适量

做 法

1.洗净去皮的芋头切成条，用斜刀切成菱形块，备用。2.砂锅中注入适量清水烧开，倒入芋头，烧开后用小火煮至其变软。3.加入盐、料酒、生抽、胡椒粉，搅拌均匀，至食材入味，盛出，装入碗中即可。

酸菜土豆汤

●难易度：★☆☆ ●功效：疏通肠道

烹饪时间
Time
7分钟

原 料　土豆230克，酸菜150克，葱花少许

调 料　盐少许，鸡粉2克，芝麻油4毫升，胡椒粉、生抽、油各适量

做 法

1.酸菜切小丁块；土豆去皮切薄片；酸菜丁焯水，捞出。2.用油起锅，倒入酸菜丁，炒干水分；倒入土豆片炒匀；注水，加盐、鸡粉拌匀，煮至食材熟透。3.加芝麻油、生抽、胡椒粉，煮至食材入味，盛出，撒上葱花即可。

牛蒡丝瓜汤

◉难易度：★☆☆ ◉功效：提高免疫

烹饪时间
Time
16分钟

◯原 料

牛蒡120克，丝瓜100克，姜片、葱花各少许

◯调 料

盐2克，鸡粉少许

◉ 烹饪小提示

丝瓜不宜煮太久，煮太久不仅会影响口感，还会破坏其营养。

◯做 法

❶ 洗净去皮的牛蒡切滚刀块；洗好去皮的丝瓜切滚刀块，待用。

❷ 锅中注入适量清水烧热，倒入牛蒡、姜片，搅匀。

❸ 烧开后用小火煮至其熟软，倒入丝瓜，用大火煮至熟透。

❹ 加盐、鸡粉，搅匀调味；盛出汤料装碗，撒上葱花即可。

香菇丝瓜汤

◉难易度：★☆☆　◉功效：增强免疫

🔸 **原料**

鲜香菇30克，丝瓜120克，高汤200毫升，姜末、葱花各少许

🔸 **调料**

盐2克，食用油少许

🔸 **做法**

1.洗好的香菇切粗丝；去皮洗净的丝瓜切成小块。2.用油起锅，下入姜末，用大火爆香；放入香菇丝，翻炒几下至其变软；放入丝瓜，翻炒匀；注入高汤，搅拌匀，用大火煮片刻至汤汁沸腾，加盐调味，续煮片刻至入味。3.关火后盛出丝瓜汤，放在汤碗中，撒上葱花即成。

马齿苋薏米绿豆汤

◉难易度：★☆☆　◉功效：清热解毒

🔸 **原料**　马齿苋40克，水发绿豆75克，水发薏米50克

🔸 **调料**　冰糖35克

🔸 **做法**

1.将洗净的马齿苋切段，备用。2.砂锅中注入适量清水烧热，倒入备好的薏米、绿豆，拌匀，烧开后用小火煮片刻；倒入马齿苋，拌匀，用中火煮约5分钟。3.倒入冰糖，拌匀，煮至溶化即成。

白菜冬瓜汤

●难易度：★☆☆　●功效：利水渗湿

烹饪时间
Time
7分钟

🍴 原 料

大白菜180克，冬瓜200克，枸杞8克，
姜片、葱花各少许

🍶 调 料

盐2克，鸡粉2克，食用油适量

◎ 烹饪小提示

大白菜的菜叶容易熟，可先放入菜梗
煮片刻，再放入菜叶，这样菜叶才不
至于煮老。

✒ 做 法

① 将洗净去皮的冬瓜切
成片；洗好的大白菜
切成小块。

② 用油起锅，放入姜
片、冬瓜片，用锅铲
翻炒均匀。

③ 放入大白菜，倒入适
量清水，放入枸杞，
煮至食材熟透。

④ 揭盖，加盐、鸡粉，
搅匀盛出，装入碗
中，撒上葱花即成。

烹饪时间
Time
32分钟

茯苓菠菜汤

◎难易度：★☆☆　◎功效：健脾宁心

◎ 原 料

菠菜120克，石斛8克，茯苓15克，姜片、葱段各少许，素高汤500毫升

◎ 调 料

盐、鸡粉各少许

◎ 做 法

1.洗净的菠菜切长段，汆水。2.砂锅中注水烧热，倒入备好的石斛、茯苓，用中火煮约20分钟，至药材析出有效成分，捞出药材，再撒上姜片、葱段，注入素高汤，用小火煮片刻。3.捞出姜片、葱段，倒入焯过水的菠菜段，拌匀，加入少许盐、鸡粉，拌匀，用中火略煮至食材入味即成。

威灵仙桂圆薏米汤

◎难易度：★☆☆　◎功效：利水祛湿

◎ 原 料

威灵仙10克，桂圆肉20克，水发薏米50克

◎ 做 法

1.砂锅中注入适量清水烧开。2.放入洗净的威灵仙，盖上盖，用小火煮20分钟，至其析出有效成分。3.揭开盖，捞出药渣，倒入薏米、桂圆肉，搅拌匀；盖上盖，用小火煮30分钟，至食材熟透。4.关火后揭开盖，把煮好的汤料盛入碗中即可。

烹饪时间
Time
51分钟

做法

❶ 洗好的西红柿切成块；洗净的大白菜切块。

❷ 洗净去皮的南瓜切再切片；洗好的慈姑去蒂切片，备用。

❸ 锅中注水烧开，加食用油、盐、鸡粉、慈姑、南瓜、白菜、西红柿，煮至食材熟透。

❹ 倒入鸡汁，搅拌片刻。

❺ 盛出，装入碗中，撒上葱花即可。

慈姑蔬菜汤

⦿难易度：★☆☆　⦿功效：解毒利尿

烹饪时间 Time 4分钟

原料

慈姑150克，南瓜180克，西红柿100克，大白菜100克，葱花少许

调料

盐2克，鸡粉2克，鸡汁、食用油各适量

🔅 烹饪小提示

白菜梗不易熟，可以先将其煮一会儿，再加入菜叶，以免菜叶太过熟破坏营养。

猕猴桃银耳羹

烹饪时间 Time 11分钟

◉难易度：★☆☆　◉功效：生津止渴

原 料

猕猴桃70克，水发银耳100克

调 料

冰糖20克，食粉适量

做 法

1.泡发好的银耳切去黄色根部，再切小块；洗净去皮的猕猴桃切片，备用；锅中注水烧开，加食粉、银耳，拌匀煮沸，捞出，备用。

2.砂锅中注入适量清水烧开，放入焯过水的银耳，用小火煮10分钟，放入切好的猕猴桃，拌匀；加入适量冰糖，煮至溶化；搅拌均匀，使味道更均匀。3.盛出甜汤，装入碗中即可。

白菜果汁

◉难易度：★☆☆　◉功效：清热除烦

原 料

橘子90克，大白菜100克，胡萝卜70克，香菜少许

做 法

1.将洗净的胡萝卜切成粒；洗好的大白菜切成粒；洗净的香菜切段；把准备好的橘子掰成瓣。2.取榨汁机，选搅拌刀座组合，倒入准备好的材料，加水，榨成蔬果汁，倒入碗中。3.将蔬果汁倒入汤锅中，用小火煮约1分钟，烧开，用锅勺搅拌均匀。4.将蔬果汁盛出，装入碗中即可。

烹饪时间 Time 1分钟

冰糖雪梨柿子汤

◉难易度：★☆☆　◉功效：清热润肺

⊙ **原 料**

雪梨200克，柿饼100克

⊙ **调 料**

冰糖30克

⊙ **做 法**

1.将备好的柿饼切小块；洗净去皮的雪梨切成丁。2.砂锅中注入适量清水烧开，放入柿饼块，倒入雪梨丁，搅拌匀；盖上盖，煮沸后用小火煲煮约20分钟，至材料熟软；揭盖，加入备好的冰糖调味，拌匀；用中火续煮一会儿，至糖分完全溶化。3.关火后盛出煮好的冰糖雪梨，装入汤碗中即成。

烹饪时间
Time
22分钟

百合红枣桂圆汤

◉难易度：★☆☆　◉功效：养心安神

⊙ **原 料**

鲜百合30克，红枣35克，桂圆肉30克

⊙ **调 料**

冰糖20克

⊙ **做 法**

1.砂锅中注入适量清水烧开，倒入洗好的红枣、桂圆肉、百合。2.盖上盖，烧开后用小火煮20分钟至食材熟软。3.揭开盖，放入适量冰糖，搅拌拌匀，煮至溶化；关火后将煮好的汤料盛出，装入碗中即可。

烹饪时间
Time
22分钟

浓郁肉禽蛋汤

海底椰无花果猪骨汤

◉难易度：★☆☆ ◉功效：降低血压

烹饪时间
Time
57分钟

🍄 原料

猪骨段400克，雪梨100克，无花果50克，海底椰15克，姜片、葱花各少许

🧂 调料

盐、鸡粉各2克，料酒6毫升

🥄 烹饪小提示

雪梨块浸入清水中泡一会儿再使用，会减轻煮熟后的涩味。

🔪 做法

❶ 将洗净的雪梨切成小瓣，去除果核，再把果肉切小块。

❷ 锅中注水烧热，倒入猪骨段，淋入料酒，用大火煮沸，捞出。

❸ 砂锅注水烧开，放入无花果、海底椰、猪骨、料酒，煮熟软。

❹ 倒入雪梨块，续煮至熟透；加盐、鸡粉搅匀，撒上葱花即成。

粉葛红枣猪骨汤

◉难易度：★☆☆　◉功效：补中益气

烹饪时间
Time
61分钟

◉ **原料**

> 葛根150克，红枣20克，白芷10克，猪骨230克

◉ **调料**

> 料酒10毫升，盐3克，鸡粉2克

◎ **烹饪小提示**

葛根可以切得大一些，这样可避免煮得过于软烂。

✎ **做法**

❶ 洗净去皮的葛根切厚块，再切成丁。

❷ 砂锅中注入适量清水烧开，倒入猪骨，煮沸余水，捞出待用。

❸ 砂锅注水烧开，下猪骨、葛根、红枣、白芷、料酒，炖至熟。

❹ 揭开盖子，放入少许盐、鸡粉，拌匀调味即可。

烹饪时间
Time
25分钟

橄榄白萝卜排骨汤

●难易度：★☆☆ ●功效：生津止渴

○ 原料

排骨段300克，白萝卜300克，青橄榄25克，姜片、葱花各少许

○ 调料

盐2克，鸡粉2克，料酒适量

○ 做法

1.洗净去皮的白萝卜切成小块；锅中注入适量清水烧开，放入洗好的排骨段，汆去血水，捞出待用。2.砂锅中注水烧热，倒入排骨，放入洗净的青橄榄、姜片、料酒，烧开后用小火煮片刻，放入白萝卜块，煮沸后用小火续煮片刻，加盐、鸡粉，搅拌入味。3.关火后盛出煮好的汤料，装入汤碗中，撒入葱花即成。

石斛玉竹淮山瘦肉汤

●难易度：★☆☆ ●功效：益胃养阴

○ 原料

猪瘦肉200克，淮山30克，石斛20克，玉竹10克，姜片、葱花各少许

○ 调料

盐、鸡粉各少许

○ 做法

1.将洗净的猪瘦肉切成丁，汆去血渍，捞出待用。2.砂锅中注入适量清水烧热，放入洗净的淮山、石斛、玉竹，倒入汆过水的瘦肉丁，撒上姜片，拌匀，煮沸后用小火煲煮约30分钟，至食材熟透，加入少许鸡粉、盐调味，搅拌匀，用中火略煮片刻，至汤汁入味。3.关火后盛出煮好的瘦肉汤，装入汤碗中，撒上葱花即可。

烹饪时间
Time
32分钟

烹饪时间 Time 62分钟

猴头菇炖排骨

●难易度：★☆☆ ●功效：健脾益胃

原料

排骨350克，水发猴头菇70克，姜片、葱花各少许

调料

料酒20毫升，鸡粉2克，盐2克，胡椒粉适量

烹饪小提示

猴头菇一定要泡开后再煮，这样煮好的猴头菇口感才好，也更快煮熟软。

做 法

1 洗好的猴头菇切块。

2 锅中注水烧开，倒入排骨、料酒，煮沸捞出。

3 砂锅中注水烧开，倒入猴头菇、姜片、排骨、料酒，搅拌匀，烧开后用小火炖至食材酥软。

4 加少许鸡粉、盐、胡椒粉，拌匀调味。

5 关火后将煮好的汤料盛出，装入汤碗中，撒上葱花即可。

夏枯草鸡肉汤

◉难易度：★☆☆　◉功效：清热解毒

烹饪时间 Time 143分钟

🥘 原　料

鸡腿肉300克，夏枯草3克，生地5克，密蒙花5克，姜片、葱段各少许

🧂 调　料

盐2克，鸡粉2克，料酒8克

📋 做　法

1. 砂锅中注入适量清水，用大火烧热，倒入生地、密蒙草、夏枯草，煮至药材析出有效成分，将药材捞干净。2. 倒入鸡腿肉、姜片、葱段，淋入少许料酒，煮开后转小火煮至食材熟软。3. 加入少许盐、鸡粉，搅匀调味，盛出，装入碗中即可。

黄豆木瓜银耳排骨汤

◉难易度：★☆☆　◉功效：美容养颜

🥘 原　料

水发银耳60克，木瓜100克，排骨块250克，水发黄豆80克，姜片少许

🧂 调　料

盐2克

📋 做　法

1. 洗净的木瓜切块；锅中注水烧开，倒入排骨块，汆煮片刻，捞出待用。2. 砂锅中注水，倒入排骨块、黄豆、木瓜、银耳、姜片，拌匀，大火煮开转小火煮至食材熟透，加入盐，搅拌片刻至入味。3. 关火后盛出煮好的汤，装入碗中即可。

烹饪时间 Time 182分钟

佛手鸭汤

◉难易度：★☆☆　◉功效：保肝护肾

烹饪时间
Time
122分钟

◉ **原 料**

鸭肉块400克，佛手、枸杞、山楂干各10克

◉ **调 料**

盐、鸡粉各2克，料酒适量

◉ **烹饪小提示**

汆煮鸭肉时可以放入姜片和葱段，这样能有效去除鸭肉的腥味。

◉ **做 法**

❶ 锅中注水烧热，倒入鸭肉，淋入料酒，汆去血水，捞出待用。

❷ 砂锅中注适量清水，倒入鸭肉、佛手、山楂干、枸杞，拌匀。

❸ 淋入料酒，拌匀，用大火烧开后转小火续煮至食材熟透。

❹ 加盐、鸡粉拌匀，煮至入味；盛出煮好的汤料，装入碗中。

烹饪时间
Time
96分钟

洋参玉竹猪肚汤

●难易度：★☆☆　●功效：补中益气

🍲 原料

猪肚270克，西洋参、麦冬、枸杞、玉竹、姜片各少许

🥄 调料

盐、鸡粉各2克，胡椒粉少许，料酒9毫升

🍴 做法

1.洗净的猪肚汆水，捞出放凉，用斜刀切片，备用。2.砂锅中注入适量清水烧热，倒入洗净的麦冬、玉竹、姜片，放入切好的猪肚，淋入少许料酒，烧开后用小火煮至熟。3.撒入洗净的西洋参、枸杞，拌匀，用中火煮一会儿，加入盐、鸡粉，撒上胡椒粉，拌匀调味即成。

烹饪时间
Time
26分钟

车前草猪肚汤

●难易度：★☆☆　●功效：利尿清热

🍲 原料　猪肚200克，水发薏米、水发赤小豆各35克，车前草、蜜枣、姜片各少许

🥄 调料　盐、鸡粉各2克，料酒、胡椒粉各适量

🍴 做法

1.猪肚汆水捞出，切成粗丝。2.砂锅中注水烧热，倒入猪肚，放入车前草、蜜枣、薏米、赤小豆、姜片、料酒，煮至食材熟透，加盐、鸡粉、胡椒粉，拌匀。3.拣出车前草，关火后盛出煮好的汤料即可。

白菜豆腐鸭架汤

●难易度：★☆☆　●功效：滋阴益气

烹饪时间
Time
46分钟

🍳 原料

鸭骨架400克，大白菜140克，嫩豆腐200克，姜片、葱花各少许

🥄 调料

盐3克，鸡粉3克，胡椒粉少许，料酒10毫升

◎ 烹饪小提示

炖煮鸭骨架时放入少许醋，可使骨中的钙质更易溶化，便于人体吸收。

🔪 做法

❶ 豆腐、大白菜切块；锅中注水烧开，倒入鸭骨架，氽水捞出。

❷ 砂锅注水烧开，倒入鸭骨架、姜、料酒，烧开后小火炖片刻。

❸ 倒入切好的豆腐、大白菜，烧开后用小火再炖至食材熟透。

❹ 加盐、鸡粉、胡椒粉，搅匀；盛出装碗，撒上葱花即可。

金银花丹参鸭汤

◎难易度：★☆☆　◎功效：降低血压

🥘 原料

　鸭肉400克，金银花8克，丹参12克

🧂 调料

　盐2克，鸡粉2克，料酒20毫升

🍴 做法

1.锅中注入适量清水，倒入鸭肉、料酒，用大火煮沸，余去血水，捞出。2.砂锅中注水烧开，放入金银花、丹参，倒入鸭肉，加少许料酒，烧开后用小火炖至熟。3.放入适量盐、鸡粉，搅匀调味，盛出，装入碗中即可。

酸萝卜老鸭汤

◎难易度：★☆☆　◎功效：补阴益血

🥘 原料　老鸭肉块500克，酸萝卜200克，生姜40克，花椒10克

🧂 调料　盐3克，鸡粉2克，料酒8毫升

🍴 做法

1.生姜去皮切成片；鸭肉块余去血渍，捞出。2.砂锅中注水烧开，放入花椒，倒入鸭肉块、姜片、料酒，炖煮至肉质变软，倒入酸萝卜，用小火续煮至食材熟透，加盐、鸡粉搅匀，续煮至汤汁入味即成。

黄芪猴头菇鸡汤

◉难易度：★☆☆　◉功效：补中益气

烹饪时间
Time
61分钟

🍲 原料

鸡肉块600克，黄芪10克，水发猴头菇
60克，姜片、葱花各少许

🥄 调料

料酒20毫升，盐3克，鸡粉2克

🍲 烹饪小提示

盐不能过早放，否则会使鸡肉的蛋白
质凝固，影响口感。

✏️ 做法

❶ 猴头菇切块；锅中注水烧开，倒入鸡肉块、料酒煮沸捞出。

❷ 砂锅中注入适量清水烧开，倒入鸡肉块、黄芪、姜片。

❸ 倒入猴头菇，淋入料酒，搅拌匀，烧开后用小火至食材熟透。

❹ 加盐、鸡粉，煮至入味；把汤料盛入碗中，撒上葱花即可。

烹饪时间
Time
32分钟

莲藕章鱼花生鸡爪汤

◉难易度：★☆☆　◉功效：利尿通便

◎ 原 料

章鱼干80克，鸡爪250克，莲藕200克，水发眉豆100克，排骨块150克，花生50克

◎ 调 料

盐2克

◎ 做 法

1.洗净的莲藕切块；洗好的章鱼干切块；排骨快、鸡爪分别汆水，捞出，沥干水分，装入盘中备用。2.砂锅注入适量清水，倒入鸡爪、莲藕、章鱼干、排骨、眉豆、花生，拌匀，大火煮开转小火煮至食材熟透，加入盐搅拌至入味。3.关火后将汤盛出，装入碗中即可。

决明鸡肝苋菜汤

◉难易度：★☆☆　◉功效：清肝明目

◎ 原 料

苋菜200克，鸡肝50克，决明子10克

◎ 调 料

盐2克，鸡粉2克，料酒5毫升

◎ 做 法

1.处理干净的鸡肝切成片，备用；锅中注水烧开，倒入鸡肝，淋入少许料酒，略煮一会儿，汆去血水，捞出待用。2.砂锅中注入适量清水烧热，倒入洗好的决明子，烧开后转中火煮至其析出有效成分，将药材捞干净。3.倒入苋菜，煮至软，放入鸡肝，略煮一会儿，加入少许盐、鸡粉，搅拌均匀，至食材入味即可。

烹饪时间
Time
32分钟

红烧牛肉汤

●难易度：★☆☆　●功效：补血益气

🥕 原料

牛肉块350克，胡萝卜70克，洋葱40克，奶油15克，姜片20克，葱条、桂皮、八角、草果、丁香、花椒、干辣椒各少许

🥄 调料

盐2克，料酒6毫升

🍳 烹饪小提示

牛肉可先用食粉腌渍一会儿，这样炖好的汤汁鲜味更浓，肉质也会更嫩滑。

🔪 做法

❶ 洋葱切块；去皮洗净的胡萝卜切滚刀块。

❷ 锅中注水烧开，倒入牛肉块、料酒，大火汆煮片刻，捞出待用。

❸ 砂锅中注水烧热，倒入香料、佐料、牛肉块及料酒，炖煮片刻。

❹ 倒入胡萝卜、洋葱，小火续煮至食材熟透。

❺ 加盐、奶油拌匀；拣出各式香料，盛出即成。

芸豆平菇牛肉汤

●难易度：★☆☆　●功效：增强免疫

原料

牛肉120克，水发芸豆100克，平菇90克，姜丝、葱花各少许

调料

盐3克，鸡粉2克，食粉少许，生抽3毫升，水淀粉、食用油各适量

做法

1.将洗净的平菇切小块；洗好的牛肉切成小片，撒上食粉，放盐、鸡粉、生抽、水淀粉、食用油，腌渍入味。2.锅中注水烧开，倒入洗净的芸豆，撒上姜丝，煮沸后用小火煮片刻，加盐、鸡粉、食用油、平菇，拌匀煮沸，放入牛肉片，拌匀，煮至熟透。3.关火后盛出煮好的牛肉汤，装入汤碗中，撒上葱花即成。

海带牛肉汤

●难易度：★☆☆　●功效：利尿消肿

原料

牛肉150克，水发海带丝100克，姜片、葱段各少许

调料

鸡粉2克，胡椒粉1克，生抽4毫升，料酒6毫升

做法

1.将洗净的牛肉切丁，汆去血水，捞出。
2.高压锅中注水烧热，倒入汆过水的牛肉丁，撒上备好的姜片、葱段，淋入少许料酒，盖好盖，拧紧，用中火煮至食材熟透。3.拧开盖子，倒入洗净的海带丝，转大火略煮一会儿，加入少许生抽、鸡粉，撒上适量胡椒粉，拌匀调味。4.关火后盛出煮好的汤料，装入碗中即成。

当归益母草鸡蛋汤

◉难易度：★☆☆　◉功效：补益气血

◎ 原 料

鸡蛋2个，红豆35克，花生米40克，当归、益母草各少许

◎ 调 料

红糖30克

◎ 做 法

◎ 烹饪小提示

打入鸡蛋时不要立刻搅拌，以免煮碎鸡蛋，影响口感。

❶ 取一个纱袋，放入当归、益母草，系紧袋口，制成药袋。

❷ 砂锅中注水烧热，放入药袋、红豆、花生米，煮至其熟软。

❸ 拣出药袋，往锅中打入鸡蛋，用大火煮至其熟透。

❹ 倒入红糖，煮至溶化，关火后盛出煮好的鸡蛋汤即可。

红枣银耳炖鸡蛋

◉难易度：★☆☆ ◉功效：美容养颜

🍲 **原料**

去壳熟鸡蛋2个，红枣25克，水发银耳90克，桂圆肉30克

🥣 **调料**

冰糖30克

烹饪时间
Time
42分钟

✍️ **做法**

1.砂锅中注入适量清水，倒入熟鸡蛋、银耳、红枣、桂圆肉，拌匀。2.加盖，大火炖开转小火炖至食材熟软，加入冰糖，拌匀，续炖至冰糖溶化，搅拌片刻至入味。3.关火后盛出炖好的鸡蛋，装入碗中即可。

燕窝炖鹌鹑蛋

◉难易度：★☆☆ ◉功效：滋阴润燥

烹饪时间
Time
56分钟

🍲 **原料** 熟鹌鹑蛋6个，猪瘦肉130克，火腿65克，水发燕窝30克，无花果、姜片各少许

🥣 **调料** 盐2克，鸡粉2克，料酒3毫升

✍️ **做法**

1.将洗净的火腿切丁；瘦肉切块，汆去血水，捞出。2.砂锅中注水烧热，倒入姜、无花果、火腿、瘦肉煮片刻，加料酒、盐、鹌鹑蛋拌匀，煮一会儿，倒入燕窝，用中小火炖一会儿，加鸡粉拌匀即可。

鲜美水产汤

海藻墨鱼汤

●难易度：★☆☆　●功效：美容养颜

⏱ **烹饪时间**
Time
52分钟

🥄 **原料**

墨鱼肉75克，水发海藻40克，水发海带丝60克，瘦肉80克，姜片、葱段各少许

🥄 **调料**

盐、鸡粉各2克，料酒7毫升

💡 **烹饪小提示**

清洗海藻时可以加入少许白醋，这样能有效地去除杂质。

🥄 **做 法**

❶ 将洗净的瘦肉切小块；洗好的墨鱼肉切上花刀，改切成片。

❷ 锅中注水烧开，分别倒入瘦肉块、墨鱼，焯水捞出。

❸ 砂锅中注水烧开，倒入食材及姜片、葱段、料酒，煮至熟。

❹ 加入少许盐、鸡粉，拌匀，略煮一会儿至汤汁入味即可。

菠菜鱼丸汤

◉难易度：★☆☆ ◉功效：润肠通便

烹饪时间
Time
4分钟

🥘 原 料

菠菜180克，鱼丸200克，姜片、葱花各少许

🍶 调 料

盐2克，鸡粉2克，料酒8毫升，食用油适量

✔ 做 法

1.鱼丸对半切开，切上网格花刀；择洗干净的菠菜切去根部，再切成段。2.用油起锅，放入姜片爆香；倒入鱼丸，快速炒匀；淋入料酒，炒匀提鲜；注水煮片刻，放入菠菜，煮至熟；放入盐、鸡粉搅匀，盛出，撒上葱花即可。

虾米白菜豆腐汤

◉难易度：★☆☆ ◉功效：通利肠胃

烹饪时间
Time
2分钟

🥘 原 料　虾米20克，豆腐90克，白菜200克，枸杞15克，葱花少许

🍶 调 料　盐2克，鸡粉2克，料酒10毫升，食用油适量

✔ 做 法

1.豆腐切成小方块；白菜切成丝。2.用油起锅，倒入虾米炒香；放入白菜，炒匀；淋入料酒，炒匀提鲜；倒入清水，加入枸杞，煮沸，放入豆腐块，加盐、鸡粉搅拌入味。3.盛出装碗，撒上葱花即可。

苦瓜干贝煲龙骨

●难易度：★☆☆　●功效：增强免疫力

烹饪时间
Time
122分钟

原料

苦瓜70克，水发干贝8克，龙骨段400克，姜片少许

调料

盐、鸡粉各2克，料酒适量

烹饪小提示

苦瓜可先焯一下水再炖，这样能减轻其苦味。

做法

❶ 锅中注水烧开，倒入龙骨段，加入料酒，略煮一会儿，捞出。

❷ 取炖盅，放龙骨、苦瓜、姜片、干贝、清水、料酒，盖上盖。

❸ 蒸锅中注入适量清水烧开，放入炖盅，用大火炖至食材熟透。

❹ 关火后揭盖，放入少许盐、鸡粉，拌匀，取出炖盅即可。

明虾海鲜汤

烹饪时间
Time
7分钟

◉难易度：★☆☆　◉功效：补肾壮阳

原料

明虾30克，西红柿100克，西蓝花130克，洋葱60克，姜片少许

调料

盐、鸡粉各1克，橄榄油适量

做法

1.洗净的洋葱切成小块；西红柿切开，去蒂，切小瓣。2.锅置火上，倒入橄榄油；放入姜片，爆香；倒入洋葱，炒匀；倒入切好的西红柿，炒匀；注入适量清水，拌匀。3.放入洗好的明虾，用大火煮开后转中火煮至食材熟透；倒入西蓝花，加盐、鸡粉，煮至入味即可。

白玉菇花蛤汤

烹饪时间
Time
4分钟

◉难易度：★☆☆　◉功效：增强免疫

原料

白玉菇90克，花蛤260克，荷兰豆70克，胡萝卜40克，姜片、葱花各少许

调料

盐2克，鸡粉2克，食用油适量

做法

1.洗净的白玉菇切段；胡萝卜切成片；将花蛤逐一切开，清洗干净。2.锅中注入水烧开，放入姜片、花蛤、白玉菇，煮至熟。3.放入盐、鸡粉、油，加入胡萝卜片、荷兰豆，煮至熟软，盛出撒上葱花即可。

干贝花蟹白菜汤

●难易度：★☆☆ ●功效：滋阴补肾

烹饪时间
Time
4分30秒

原料

花蟹块150克，水发干贝25克，白菜65克，姜片、葱花各少许

调料

盐、鸡粉各少许

烹饪小提示

花蟹可先用料酒腌渍一会儿，这样可减轻汤汁的腥味。

做法

❶ 将洗净的白菜切段。

❷ 洗好的干贝碾成碎末，待用。

❸ 锅中注水烧热，倒入花蟹块、干贝末、姜片，用大火煮约3分钟。

❹ 放入切好的白菜，拌匀，撇去浮沫。

❺ 加入少许盐、鸡粉，煮至食材熟透，关火后盛出煮好的汤料，装入碗中，撒上葱花即成。

烹饪时间
Time
6分钟

枸杞胡萝卜蚝肉汤

●难易度：★☆☆　●功效：保肝护肾

🍗 原 料

枸杞叶60克，生蚝肉300克，胡萝卜90克，姜片少许

🥄 调 料

盐3克，鸡粉2克，胡椒粉少许，料酒5毫升，食用油适量

✍ 做 法

1.将洗净去皮的胡萝卜切薄片；生蚝肉装碗，加鸡粉、盐、料酒，静置片刻。2.锅中注水烧开，倒入生蚝肉，煮片刻，捞出；另起锅注水烧开，撒上姜片、胡萝卜片，淋入食用油，倒入生蚝肉，加料酒、盐、鸡粉，煮至食材熟软。3.取下盖子，放入枸杞叶，搅拌至全部食材熟透；撒上胡椒粉，煮至食材入味即成。

马蹄带鱼汤

●难易度：★☆☆　●功效：清热生津

🍗 原 料

马蹄肉100克，带鱼120克，枸杞、姜片、葱花各少许

🥄 调 料

盐2克，鸡粉2克，料酒3毫升，胡椒粉、食用油各适量

✍ 做 法

1.用剪刀将处理干净的带鱼鳍剪去，再切成小块；将马蹄肉切成片。2.用油起锅，放入姜片，爆香；倒入切好的带鱼块，炒香；淋入料酒、水；加盐、鸡粉，放入洗净的枸杞，用大火加热煮沸，放入马蹄，搅匀，煮2分钟，至食材熟透，撒入少许胡椒粉搅拌均匀。3.盛出煮好的汤料，装入碗中，撒上葱花即可。

烹饪时间
Time
4分钟

茶树菇草鱼汤

●难易度：★☆☆　●功效：降低血糖

烹饪时间
Time
4分钟

⊙ 原料

水发茶树菇90克，草鱼肉200克，姜片、葱花各少许

⊙ 调料

盐3克，鸡粉3克，胡椒粉2克，料酒5毫升，芝麻油3毫升，水淀粉4毫升

⊙ 烹饪小提示

草鱼肉易熟，煮的时间不宜太长，否则容易煮老。

做法

❶ 洗好的茶树菇切去老茎；洗净的草鱼肉切成双飞片。

❷ 鱼片加料酒、盐、鸡粉、胡椒粉、水淀粉、麻油腌渍入味。

❸ 茶树菇、焯水，捞出；锅注水烧开，倒入茶树菇、姜搅匀。

❹ 加调味料煮沸；放入鱼片，煮至变色，盛出，撒入葱花即可。

木耳鱿鱼汤

◉难易度：★☆☆ ◉功效：润肠排毒

原 料

鱿鱼80克，金华火腿片10克，西红柿片15克，水发木耳20克，鸡汤200毫升，姜片、葱段各少许

调 料

盐2克，鸡粉1克，胡椒粉1克，陈醋、料酒、水淀粉各5毫升，芝麻油少许

做 法

1.洗净的鱿鱼打上花刀，切成小块。2.锅置火上，倒入鸡汤，倒入姜片、葱段，放入火腿片，倒入鱿鱼、木耳、淋入料酒，拌匀，大火煮约4分钟至食材熟透；放入西红柿片，加入盐、鸡粉、胡椒粉、陈醋、水淀粉稍煮片刻至入味。3.关火后盛出汤料，淋上芝麻油即可。

金菊石斑鱼汤

◉难易度：★☆☆ ◉功效：健脾益气

原 料

石斑鱼肉170克，水发菊花20克，姜片、葱花各少许

调 料

盐3克，鸡粉2克，水淀粉适量

做 法

1.将洗净的石斑鱼剔除鱼骨，再切段，去除鱼皮，用斜刀切片；把鱼肉片装入盘中，加盐、水淀粉，腌渍至入味。2.锅中注水烧热，倒入鱼骨，撒上姜片，拌匀，用中火煮至鱼骨断生，撇去浮沫，倒入菊花拌匀，用大火煮至散出花香味。3.加盐、鸡粉，倒入鱼肉片拌匀，转中火煮至食材熟透，盛出装碗，撒上葱花即可。

虫草海马小鲍鱼汤

●难易度：★☆☆ ●功效：滋阴补阳

烹饪时间
Time
62分钟

◎ 原料

小鲍鱼70克，海马10克，冬虫夏草2克，瘦肉150克，鸡肉200克

◎ 调料

盐、鸡粉各2克，料酒5毫升

◎ 烹饪小提示

汆煮鸡肉和瘦肉时，可以加入适量料酒和姜片，这样能有效去除腥味。

◎ 做法

❶ 洗净的瘦肉切块。

❷ 沸水锅中分别倒入鸡肉、瘦肉，汆去血水，捞出。

❸ 砂锅中注适量清水，倒入海马、小鲍鱼、鸡肉、瘦肉、料酒。

❹ 大火煮开后转小火煮至食材入味，加盐、鸡粉，拌匀即可。

红参淮杞甲鱼汤

●难易度：★☆☆ ●功效：补益气血

烹饪时间 Time 62分钟

🦪 原料

甲鱼块800克，桂圆肉8克，枸杞5克，红参3克，淮山2克，姜片少许

🍶 调料

盐2克，鸡粉2克，料酒4毫升

🍴 做法

1.砂锅中注入适量清水烧开，倒入姜片。2.放入备好的红参、淮山、桂圆肉、枸杞，再倒入洗净的甲鱼块，淋入少许料酒，用小火煮约1小时至其熟软，加入少许盐、鸡粉搅拌均匀，煮至食材入味。3.将煮好的汤料盛出，装入碗中即可。

节瓜红豆生鱼汤

●难易度：★☆☆ ●功效：利水消肿

烹饪时间 Time 47分钟

🦪 原料　生鱼块240克，节瓜120克，花生米70克，水发红豆65克，枸杞30克，水发干贝、淮山、姜片少许

🍶 调料　盐2克，鸡粉少许，料酒5毫升

🍴 做法

1.将洗净的节瓜切滚刀块。2.砂锅中注水烧热，放姜片、淮山、花生米、红豆、枸杞、干贝、生鱼块、料酒，煮至药材散出香味。3.倒入节瓜，用小火续煮至食材熟透，加盐、鸡粉，煮至汤汁入味即可。

蘑菇炖生鱼

◉难易度：★☆☆ ◉功效：增强免疫

烹饪时间
Time
27分钟

◎ 原 料

生鱼400克，杏鲍菇100克，口蘑100克，西红柿90克，姜片、葱花各少许

◎ 调 料

盐3克，鸡粉3克，料酒5毫升，食用油适量

◯ 烹饪小提示

生鱼肉较嫩，焖煮的时间不宜过久，以免影响其鲜嫩的口感。

◇ 做 法

❶ 处理干净的生鱼切成段；口蘑切块；杏鲍菇、西红柿再切块。

❷ 锅中注水烧开，放入口蘑、杏鲍菇拌匀，煮1分钟，捞出。

❸ 姜片、鱼段下油锅煎香；加料酒、清水、焯过水的食材。

❹ 加盐、鸡粉，小火焖片刻；倒入西红柿，再焖5分钟即可。

橘皮鱼片豆腐汤

●难易度：★☆☆　●功效：补中益气

原料

草鱼肉260克，豆腐200克，橘皮少许

调料

盐2克，鸡粉、胡椒粉各少许

做法

1.将洗净的橘皮切细丝；洗好的草鱼肉切片；洗净的豆腐切小方块。2.锅中注水烧开，倒入豆腐块拌匀，大火煮约3分钟，再加入盐、鸡粉拌匀调味，放入鱼肉片搅散，撒上适量胡椒粉；转中火煮至食材熟透，倒入橘皮丝，拌煮出香味。3.盛出豆腐汤，装在碗中即可。

豆腐紫菜鲫鱼汤

●难易度：★☆☆　●功效：软坚散结

原料　鲫鱼300克，豆腐90克，水发紫菜70克，姜片、葱花各少许

调料　盐3克，鸡粉2克，料酒、胡椒粉、食用油各适量

做法

1.豆腐切成小方块。2.用油起锅，放入姜片爆香；放入鲫鱼，煎至其呈焦黄色；淋入料酒、清水，加盐、鸡粉，煮至鱼熟，倒入豆腐、紫菜、胡椒粉，煮至熟。3.把鲫鱼盛入碗中，倒入汤，撒上葱花即可。

莲子五味子鲫鱼汤

⦿难易度：★☆☆　⦿功效：养心安神

烹饪时间
Time
27分钟

🥣 原 料

净鲫鱼400克，水发莲子70克，五味子4克，姜片、葱花各少许

🧂 调 料

盐3克，鸡粉2克，料酒4毫升，食用油适量

◎ 烹饪小提示

煎鲫鱼时可以多放点食用油，这样鲫鱼的肉质会更鲜嫩。

🥄 做 法

❶ 用油起锅，放入姜片、鲫鱼，煎至两面断生，盛出待用。

❷ 锅中注水烧开，倒入莲子、五味子，煮至散出药味。

❸ 倒入鲫鱼，加入盐、鸡粉、料酒，小火续煮至食材熟透。

❹ 关火后盛出煮好的鲫鱼汤，装入汤碗中，撒上葱花即成。

烹饪时间
Time
13分钟

鲢鱼丝瓜汤

●难易度：★☆☆　●功效：清热利湿

原料

鲢鱼肉250克，丝瓜85克，姜片、葱花各少许

调料

盐2克，鸡粉2克，水淀粉适量

做法

1.洗净的丝瓜去皮，再切成滚刀块，备用；洗好的鲢鱼肉去除鱼骨，再切块，用斜刀切片，加盐、水淀粉，拌匀腌渍。2.锅中注水烧热，倒入姜片，放入鱼骨，用中火煮片刻，转大火，倒入丝瓜，搅拌均匀，略煮片刻；加入少许盐、鸡粉，放入鱼片，搅匀，煮至熟。3.关火后盛出汤料，装入碗中，撒上葱花即可。

苹果红枣鲫鱼汤

●难易度：★☆☆　●功效：补中益气

原料

鲫鱼500克，去皮苹果200克，红枣20克，香菜叶少许

调料

盐3克，胡椒粉2克，水淀粉、料酒、食用油各适量

做法

1.洗净的苹果去核，切成块；往鲫鱼身上加上盐，涂抹均匀；淋入料酒，腌渍10分钟入味。2.用油起锅，放入鲫鱼煎约2分钟至金黄色；注水，倒入红枣、苹果，大火煮开；加入盐，拌匀，中火续煮5分钟至入味，加入胡椒粉，拌匀；倒入水淀粉，拌匀。3.关火后将煮好的汤装入碗中，放上香菜叶即可。

烹饪时间
Time
10分钟

鸭血鲫鱼汤

◉难易度：★☆☆ ◉功效：清热解毒

◉烹饪时间 Time 6分钟

◉原料

鲫鱼400克，鸭血150克，姜末、葱花各少许

◉调料

盐2克，鸡粉2克，水淀粉4毫升，食用油适量

◉烹饪小提示

腌渍鲫鱼肉时，可以加适量牛奶，不仅可除腥味，还能增加鲜味。

◉做法

❶ 将鲫鱼剖开，切去鱼头，去除鱼骨，片下鱼肉，装入碗中，备用。

❷ 把鸭血切成片。

❸ 在鱼肉中加盐、鸡粉、水淀粉，腌渍片刻。

❹ 锅中注水烧开，加入盐，倒入姜末，放入鸭血，加入食用油拌匀。

❺ 放入腌好的鱼肉，煮至熟透，撇去浮沫，盛出装碗，撒上葱花即可。

寒来暑往，一碗汤羹滋味长

　　春生夏长，秋收冬藏，四季节气的变更之下，孩子长大，老人健康，我们在付出也在收获，这就是四季轮回的奥妙吧。每个节气有每个节气的特点，所以，想要煲一锅顺应季节的好汤，就要先懂得每个季节的特点和需求。春天一碗疏肝理气的玉米排骨汤，夏天一碗消暑养心的酸梅汤，秋天一碗滋阴润肺的雪梨汤，冬天一碗滋补暖身的羊肉汤，有了这样的贴心汤羹，四季调养绝对不在话下。

春季疏肝理气汤

猴头菇玉米排骨汤

●难易度：★☆☆ ●功效：降低血压

⊙ **原料**

水发猴头菇70克，玉米棒120克，排骨300克，葱条、姜片各少许

⊙ **调料**

盐2克，鸡粉2克，料酒5毫升

⊙ **烹饪小提示**

猴头菇宜煮制久一些，直到软烂如豆腐时营养成分才能完全析出。

⊙ **做法**

❶ 洗好的猴头菇切成小块，待用。

❷ 锅中注水烧开，分别放入排骨、猴头菇，煮片刻，捞出备用。

❸ 砂锅中倒水烧开，倒入焯过水的食材、玉米棒，炖至熟透。

❹ 加入鸡粉、盐，搅拌至食材入味即可。

烹饪时间
Time
100分钟

金银花茅根猪蹄汤

●难易度：★☆☆　●功效：美容养颜

◯ 原 料

猪蹄块350克，黄瓜200克，金银花、白芷、桔梗、白茅根各少许

◯ 调 料

盐2克，鸡粉2克，白醋4毫升，料酒5毫升

◯ 做 法

1.洗好的黄瓜切成小段；猪蹄块汆水。2.砂锅中注水烧热，倒入备好的金银花、白芷、桔梗、白茅根，用大火煮至沸，倒入猪蹄，烧开后用小火煲至猪蹄熟软，放入黄瓜，拌匀，加入盐、鸡粉，拌匀调味，用小火续煮片刻，搅拌均匀。3.关火后盛出煮好的汤料即可。

淡菜何首乌鸡汤

●难易度：★☆☆　●功效：益气补血

◯ 原 料

淡菜50克，何首乌10克，陈皮7克，鸡腿180克，姜片少许

◯ 调 料

料酒10毫升，鸡粉2克，鸡粉2克

◯ 做 法

1.洗净的鸡腿汆去血水，捞出，沥干水分，待用。2.砂锅中倒入适量清水烧开，放入汆过水的鸡腿，加入洗净的淡菜，放入备好的何首乌、陈皮，撒入姜片，淋入适量料酒，烧开后用小火续煮至食材熟透，放入少许盐、鸡粉搅拌片刻，至食材入味。3.关火后盛出煮好的汤料，装入碗中即可。

烹饪时间
Time
31分钟

陈皮暖胃排骨汤

◉难易度：★☆☆　◉功效：开胃消食

烹饪时间
Time
61分钟

◉ **原 料**

排骨400克，水发绿豆120克，陈皮8克，姜片25克，葱花少许

◉ **调 料**

盐2克，鸡粉2克，料酒10毫升

◎ **烹饪小提示**

此汤要趁热食用，才能更好地发挥其功效。

✎ **做 法**

①
锅中注水烧开，倒入排骨，煮至沸，余去血水，捞出。

②
砂锅中注入适量清水，用大火烧开，放入姜片、陈皮。

③
倒入绿豆，放入排骨，淋入料酒，烧开后用小火炖至熟透。

④
放入少许盐、鸡粉，搅拌均匀，至食材入味即可。

胡萝卜玉米牛蒡汤
◎难易度：★☆☆　◎功效：降低血脂

原料
胡萝卜90克，玉米棒150克，牛蒡140克

调料
盐、鸡粉各2克

做法
1.将洗净去皮的胡萝卜切成小块；洗好的玉米棒切成小块；洗净去皮的牛蒡切滚刀块。2.砂锅中注入适量清水烧开，倒入切好的牛蒡，再放入胡萝卜块、玉米棒，煮沸后用小火煮约30分钟，至食材熟透，加入盐、鸡粉拌匀调味，续煮一会儿，至食材入味。3.关火后盛出煮好的牛蒡汤，装在碗中即成。

黄豆芽猪血汤
◎难易度：★☆☆　◎功效：清热解毒

原料
猪血270克，黄豆芽100克，姜丝、葱丝各少许

调料
盐、鸡粉各2克，芝麻油、胡椒粉各适量

做法
1.将洗净的猪血切成小块，备用。2.锅中注入适量清水烧热，倒入猪血、姜丝，拌匀，用中小火煮10分钟，加入适量盐、鸡粉，放入洗净的黄豆芽，拌匀，用小火煮2分钟至熟；撒上胡椒粉，淋入少许芝麻油，拌匀入味。3.关火后盛出猪血汤，放上葱丝即可。

黄豆蛤蜊豆腐汤

◉难易度：★☆☆　◉功效：降低血压

⊘ **原料**

水发黄豆95克，豆腐200克，蛤蜊200克，姜片、葱花各少许

◉ **调料**

盐2克，鸡粉适量、胡椒粉适量

🕐 **烹饪时间**
Time 30分钟

🍲 **烹饪小提示**

清洗蛤蜊时，可将其放在水龙下冲洗，这样能更有效地清除泥沙。

✎ 做 法

❶ 豆腐切成小方块；将蛤蜊打开，洗净，备用。

❷ 锅中注水烧开，倒入黄豆，盖上盖，煮至熟。

❸ 揭开盖，倒入豆腐、蛤蜊，放入姜片，加盐、鸡粉，搅匀调味。

❹ 盖上盖，用小火再煮至食材熟透。

❺ 揭开盖，撒入胡椒粉，搅拌均匀，盛出装碗，撒上葱花即可。

烹饪时间 Time 32分钟

红豆鲤鱼汤

◉难易度：★☆☆　◉功效：健脾止泻

🥬 原料

净鲤鱼650克，水发红豆90克，姜片、葱段各少许

🧂 调料

盐、鸡粉各2克，料酒5毫升

✏️ 做法

1. 锅中注入适量清水烧热，倒入洗净的红豆。
2. 撒上姜片、葱段，放入处理好的鲤鱼，淋入少许料酒，盖上盖，烧开后用小火煮约30分钟，至食材熟透，加入少许盐、鸡粉，拌匀调味，转中火略煮，至汤汁入味。3. 关火后盛出煮好的鲤鱼汤，装入汤碗中即成。

黄花菜鲫鱼汤

◉难易度：★☆☆　◉功效：降低血压

🥬 原料

鲫鱼350克，水发黄花菜170克，姜片、葱花各少许

🧂 调料

盐3克，鸡粉2克，料酒10毫升，胡椒粉少许，食用油适量

✏️ 做法

1. 锅中注入适量食用油烧热，加入姜片，爆香，放入处理干净的鲫鱼，煎出焦香味，盛出，待用。2. 锅中倒入适量开水，放入煎好的鲫鱼，淋入少许料酒，加入适量盐、鸡粉、胡椒粉，倒入洗好的黄花菜，搅拌匀，用中火煮3分钟。3. 盛出装入汤碗中，撒上葱花即可。

烹饪时间 Time 5分钟

桂圆酸枣芡实汤

●难易度：★☆☆ ●功效：益气补血

烹饪时间
Time
32分钟

◎ 原 料

桂圆肉90克，酸枣仁15克，芡实50克

◎ 调 料

白糖20克

◎ 烹饪小提示

芡实宜用小火慢煮，这样有利于析出其药性。

◎ 做 法

❶ 砂锅中注水烧开，倒入洗净的芡实。

❷ 放入洗好的桂圆肉、酸枣仁。

❸ 盖上盖，烧开后用小火煮至药材析出有效成分。

❹ 揭盖，加入白糖，煮至溶化，盛出汤料，装入碗中即可。

红枣白果绿豆汤

●难易度：★☆☆　●功效：养心润肺

🍵 原料

水发绿豆150克，白果80克，红枣15克

🥣 调料

冰糖10克

烹饪时间
Time
35分钟

✒ 做法

1.砂锅中注入适量清水，用大火烧开。2.倒入备好的白果、红枣、绿豆，用大火煮开后转小火煮30分钟至食材熟软，揭开锅盖，加入适量冰糖搅拌匀，略煮一会儿至冰糖溶化。3.关火后将煮好的甜汤盛出，装入碗中即可。

山竹银耳枸杞甜汤

●难易度：★☆☆　●功效：降低血压

烹饪时间
Time
22分钟

🍵 原料　水发银耳120克，山竹1个，枸杞
15克

🥣 调料　冰糖40克

✒ 做法

1.银耳切去黄色蒂部，切成小块；洗净的山竹切开，取出果肉，待用。2.砂锅中注水烧开，倒入银耳、枸杞，烧开后用小火炖至汤汁浓稠。3.倒入山竹肉，加入冰糖，略煮至冰糖完全溶化即可。

火龙果银耳糖水

●难易度：★☆☆ ●功效：降低血压

烹饪时间
Time
21分钟

原料

火龙果150克，水发银耳100克，红枣20克，枸杞10克

调料

食粉少许，冰糖30克

🍲 烹饪小提示

银耳的焯水时间可长一些，这样能缩短烹饪的时间。

✅ 做法

❶ 将银耳切去根部，再切成小块；火龙果去除果皮，切成丁，备用。

❷ 沸水锅中加食粉，放银耳煮片刻，捞出待用。

❸ 砂锅中注水烧开，倒入红枣、枸杞、银耳。

❹ 盖上盖，烧开后用小火煮至食材熟软。

❺ 揭盖，倒入火龙果肉，撒上冰糖，煮至冰糖完全溶化即可。

烹饪时间
Time
21分钟

蜜枣枇杷雪梨汤

●难易度：★☆☆　●功效：开胃消食

原料

雪梨240克，枇杷100克，蜜枣35克

调料

冰糖30克

做法

1.洗净去皮的雪梨切瓣，去核，把果肉切成小块；洗好的枇杷切去头尾，去除果皮，把果肉切成小块；将蜜枣对半切开，备用。2.砂锅中注入适量清水烧热，放入蜜枣、枇杷，倒入雪梨，烧开后用小火煮约20分钟，倒入冰糖搅拌匀，用大火煮至冰糖溶化。3.关火后盛出煮好的雪梨汤即可。

火龙果紫薯糖水

●难易度：★☆☆　●功效：降低血压

原料

火龙果150克，紫薯100克

调料

冰糖15克

做法

1.将洗净的火龙果切开，去除果皮，再把果肉切成条形，改切成小块；洗净去皮的紫薯切块，再切成丁，备用。2.砂锅中注入适量清水烧开，放入紫薯丁，煮沸后用小火煮至其变软，倒入切好的火龙果果肉，加入少许冰糖搅拌匀，用大火续煮约1分钟，至糖分溶化。3.关火后盛出装入汤碗中，待稍微冷却后即可饮用。

烹饪时间
Time
17分钟

夏季消暑养心汤

开胃水果汤

◉难易度：★☆☆ ◉功效：防癌抗癌

烹饪时间
Time
17分钟

原料

火龙果100克，油桃50克，李子100克，柠檬30克，苹果30克

调料

白糖2克

烹饪小提示

可以在煮好的水果汤中挤入适量柠檬汁，这样味道会更加酸甜可口。

做法

❶ 洗净的柠檬切下两片薄片，待用。

❷ 洗好的苹果切、油桃、李子、火龙果切开，再切成小块。

❸ 砂锅中注水烧热，倒入苹果、油桃、火龙果，用小火煮片刻。

❹ 加白糖拌匀，煮至溶化；盛出水果汤，放上柠檬片即可。

烹饪时间
Time
12分钟

山楂酸梅汤

◉难易度：★☆☆ ◉功效：开胃消食

🍄 原 料

山楂90克，酸梅45克，谷芽10克，麦芽10克

🧂 调 料

冰糖30克

🍴 做 法

1.洗好的山楂切开，去核，切成小块，备用。
2.砂锅中注入适量清水烧开，倒入洗好的谷芽、麦芽，加入酸梅、山楂块，烧开后用小火煮至汤汁变成褐色。3.放入冰糖，拌匀，煮至冰糖溶化；盛出酸梅汤，装入汤碗中即可。

金橘枇杷雪梨汤

◉难易度：★☆☆ ◉功效：养心润肺

🍄 原 料

雪梨75克，枇杷80克，金橘60克

🍴 做 法

1.金橘洗净，切成小瓣；洗好去皮的雪梨去核，再切成小块；洗净的枇杷去核，切成小块，备用。2.砂锅中注入适量清水烧开，倒入切好的雪梨、枇杷、金橘，搅拌匀，烧开后用小火煮约15分钟，搅拌均匀，关火后盛出装入碗中即成。

烹饪时间
Time
17分钟

❶ 泡发洗好的银耳切成小块，备用。

砂锅中注入适量清水烧开，倒入银耳、百合。

❸ 盖上盖，用小火炖煮至食材熟透。

❹ 揭开盖，放入珍珠粉，烧煮至沸腾，倒入冰糖，煮至完全溶化。

❺ 持续搅拌一会儿，使甜汤味道均匀，盛出装入碗中，即可食用。

烹饪时间
Time
21分钟

珍珠百合银耳汤

◉难易度：★☆☆　◉功效：安神助眠

🍖 原料

水发银耳180克，鲜百合50克，珍珠粉10克

🧂 调料

冰糖25克

💡 烹饪小提示

银耳宜用温水泡开后再熬制煮，这样煮起来容易熟，口感也会更好。

罗布麻枸杞银耳汤

◉难易度：★☆☆　◉功效：降低血压

◐ 原 料

罗布麻8克，枸杞10克，水发银耳200克

◐ 调 料

冰糖30克

◉ 做 法

1.泡发洗净的银耳切成小块，备用。2.砂锅中注入适量清水烧开，放入罗布麻，拌匀，用小火煮15分钟至药性析出，将药渣捞出，放入银耳，加入枸杞，用小火煮15分钟使银耳熟烂，放冰糖，搅匀，煮至溶化。3.将煮好的汤料盛出，装入碗中即可。

灵芝无花果雪梨汤

◉难易度：★☆☆　◉功效：清热解毒

◐ 原 料

雪梨块130克，无花果25克，灵芝少许

◐ 调 料

盐2克

◉ 做 法

1.砂锅中注入适量清水烧开。2.倒入备好的无花果、灵芝，放入切好的雪梨块，拌匀，烧开后用小火煮约30分钟至食材熟透，加入少许盐，拌匀调味。3.关火后盛出煮好的汤汁，装入碗中，待稍微放凉后即可饮用。

芋头海带鱼丸汤

●难易度：★☆☆　●功效：开胃消食

烹饪时间
Time
27分钟

原 料

芋头120克，鱼肉丸160克，水发海带丝110克，姜片、葱花各少许

调 料

盐、鸡粉各少许，料酒4毫升

烹饪小提示

煮芋头时可以加入少许胡椒粉，这样食材的口感更佳。

做 法

❶ 将去皮洗净的芋头切成丁；洗好的鱼丸切上十字花刀，备用。

❷ 砂锅中注水烧开，倒入芋头拌匀，烧开后用小火煮至断生。

❸ 倒入鱼丸、海带丝，加入料酒、姜片，续煮至食材熟透。

❹ 加入盐、鸡粉，拌匀调味，盛出装碗，点缀上葱花即成。

三冬汤

●难易度：★☆☆　●功效：降压降糖

🍴 原 料

天冬10克，麦冬10克，冬瓜300克，葱花少许

🥄 调 料

盐2克，鸡粉2克，食用油适量

🍳 做 法

1.洗好去皮的冬瓜切成块，再切成片，备用。
2.砂锅中注水烧开，放入洗净的天冬、麦冬，搅拌匀，用小火煮至其析出有效成分，放入冬瓜，搅拌匀，用小火续煮至冬瓜熟软，倒入少许食用油、盐、鸡粉，拌至食材入味。3.关火后盛出汤料，装入碗中，撒上葱花即可。

山楂麦芽消食汤

●难易度：★☆☆　●功效：开胃消食

🍴 原 料　瘦肉150克，麦芽15克，蜜枣10克，陈皮1片，山楂15克，淮山1片，姜片少许

🥄 调 料　盐2克

🍳 做 法

1.洗净的瘦肉切块，汆水，捞出。2.砂锅中注入适量清水，倒入瘦肉、姜片、陈皮、蜜枣、麦芽、淮山、山楂，拌匀，大火煮开转小火煮至有效成分析出，加盐，搅拌至入味。3.盛出汤，装入碗中即可。

烹饪时间
Time
14分钟

金针菇蔬菜汤

◉难易度：★☆☆　◉功效：益气补血

🍲 原料

金针菇30克，香菇10克，
上海青20克，胡萝卜50
克，清鸡汤300毫升

🥄 调料

盐2克，鸡粉3克，胡椒粉
适量

🍳 烹饪小提示

上海青不宜煮太久，以免煮老了影响口感。

✔️ 做法

❶ 洗净的上海青切成小瓣；洗好去皮的胡萝卜切片。

❷ 洗净的金针菇切去根部，备用。

❸ 砂锅中注入适量清水，倒入鸡汤，大火煮沸。

❹ 倒入金针菇、香菇、胡萝卜拌匀，续煮至熟。

❺ 倒入上海青，加入盐、鸡粉、胡椒粉，拌匀，盛出汤料，装碗即可。

烹饪时间
Time
32分钟

桔梗牛肚汤

◎难易度：★☆☆ ◎功效：健脾止泻

原料

牛肚120克，黄豆芽65克，蕨菜85克，胡萝卜40克，水发桔梗30克，葱段、姜片各少许

调料

盐2克，胡椒粉少许，料酒5毫升

做法

1.将洗净的蕨菜切长段；去皮洗好的胡萝卜切条形；洗净的牛肚切粗丝，备用。2.砂锅中注水烧热，倒入牛肚丝、洗净的桔梗、胡萝卜、蕨菜、葱段、姜片、料酒，拌匀，烧开后用小火煮约30分钟至食材熟软，倒入洗净的黄豆芽、盐、胡椒粉，拌匀，煮熟。3.关火后盛出煮好的汤料，装入碗中即成。

南瓜西红柿土豆汤

◎难易度：★☆☆ ◎功效：美容养颜

原料

南瓜200克，去皮土豆150克，西红柿100克，玉米100克，瘦肉200克，沙参30克，山楂15克，姜片少许

调料

盐2克

做法

1.洗净的土豆切块；洗好的西红柿去蒂，切小瓣；洗净的南瓜切块；洗好的玉米切段；洗净的瘦肉切块，汆水。2.砂锅中注水，倒入瘦肉、土豆、南瓜、玉米、山楂、沙参、姜片，拌匀，大火煮开转小火煮至析出有效成分，放入西红柿，续煮至西红柿熟，加入盐搅拌片刻至入味。3.关火，盛出煮好的汤，装入碗中即可。

烹饪时间
Time
60分钟

菠萝苦瓜鸡块汤

●难易度：★☆☆　●功效：降低血脂

 原　料

> 鸡肉块300克，菠萝肉200克，苦瓜150克，姜片、葱花各少许

■ 调　料

> 盐、鸡粉各2克，料酒6毫升

● 烹饪小提示

> 苦瓜瓤要刮除干净，可以减轻苦味。

✍ 做法

❶ 洗好的苦瓜切开，去瓤，切成块；洗净的菠萝肉切成小块。

❷ 锅中注水烧开，倒入鸡肉块，拌匀，氽去血水，捞出待用。

❸ 砂锅中注水烧开，倒入鸡肉块、姜片、料酒，煮片刻。

❹ 下苦瓜、菠萝，煮至熟透；加盐、鸡粉拌匀，放上葱花即可。

烹饪时间
Time
3分钟

木耳丝瓜汤

◉难易度：★☆☆　◉功效：清热解毒

🐮 原 料

水发木耳40克，玉米笋65克，丝瓜150克，瘦肉200克，胡萝卜片、姜片、葱花各少许

🧂 调 料

盐3克，鸡粉3克，水淀粉2克，食用油适量

🔪 做 法

1.将木耳、玉米笋切块；去皮洗净的丝瓜切段；将去皮洗好的胡萝卜打上花刀，切片；瘦肉切片，放盐、鸡粉、水淀粉、食用油，腌渍入味。2.锅中注水烧开，加食用油、姜片、木耳、丝瓜、胡萝卜、玉米笋、盐、鸡粉，拌匀调味，用中火煮至熟，倒入肉片，用大火煮沸。3.把汤料盛出装碗，放入葱花即可。

黄鱼蛤蜊汤

◉难易度：★☆☆　◉功效：清热解毒

🐮 原 料

黄鱼400克，熟蛤蜊300克，西红柿100克，姜片少许

🧂 调 料

盐、鸡粉各2克，食用油适量

🔪 做 法

1.洗好的西红柿切瓣，去除果皮，备用；洗净的黄鱼切上花刀；把熟蛤蜊取出肉块，备用。2.用油起锅，放入黄鱼用小火煎香；放入姜片，注水，用大火略煮一会儿；倒入蛤蜊肉，放入西红柿，烧开后用小火煮约15分钟至食材熟透，加入盐、鸡粉搅拌匀，煮至食材入味。3.关火后盛出煮好的汤料即可。

烹饪时间
Time
17分钟

秋季滋阴润肺汤

黄豆马蹄鸭肉汤

●难易度：★☆☆　●功效：降低血压

烹饪时间
Time
41分钟

🌀 原 料

鸭肉500克，马蹄110克，水发黄豆120克，姜片20克

🔒 调 料

料酒20毫升，盐2克，鸡粉2克

🖌 做 法

🍲 烹饪小提示

鸭肉性凉，建议炖汤时多放些姜片，可以驱寒。

❶ 去皮洗净的马蹄切成小块。

❷ 锅中注水烧开，放入鸭块、料酒，煮沸，捞出。

❸ 黄豆、马蹄、鸭块、姜片、料酒倒入沸水锅中，炖至熟。

❹ 加入盐、鸡粉，拌匀调味即可。

百合半夏薏米汤

●难易度：★☆☆　●功效：抗癌防癌

🔄 原 料

干百合10克，半夏8克，水发薏米100克

⬛ 调 料

冰糖25克

✏ 做 法

1.砂锅注入适量的清水烧开，倒入百合和半夏，倒入薏米，搅拌匀。2.盖上盖，小火炖至熟。3.掀开盖，倒入备好的冰糖，煮至冰糖溶化，搅拌片刻，使味道均匀；盛出煮好的汤装入碗中即可。

灯芯草雪梨汤

●难易度：★☆☆　●功效：养心润肺

🔄 原 料

雪梨80克，灯芯草20克

⬛ 调 料

冰糖15克

✏ 做 法

1.将洗净的雪梨去皮，切开，去核，切成块，再切成碎末，备用。2.砂锅内注水烧热，放入备好的灯芯草，加入雪梨末，撒上冰糖，搅拌均匀；盖上锅盖，煮开后用小火煮20分钟。3.揭开锅盖，关火后盛出煮好的汤水即可。

菊花苹果甜汤

●难易度：★☆☆　●功效：美容养颜

烹饪时间
Time
22分钟

原料

苹果140克，水发菊花45克，蜜枣40克，无花果少许

调料

冰糖20克

烹饪小提示

蜜枣本身很甜，加入的冰糖不宜太多，以免口感腻人。

做法

1 将去皮洗净的苹果切开，取出果核，再切小丁块。

2 锅中注入适量清水烧热，倒入无花果、蜜枣、苹果丁、菊花。

3 盖上盖，烧开后用小火煮至药材析出有效成分。

4 揭盖，撒上适量冰糖，拌匀，用中火略煮至糖分溶化即可。

烹饪时间
Time
1分钟

蜂蜜蛋花汤

◉难易度：★ ☆☆　◉功效：增强免疫力

原料

鸡蛋2个

调料

蜂蜜少许

做法

1.将鸡蛋打入碗中，搅散，调成蛋液，待用。
2.锅中注入适量清水烧开，倒入蛋液，边倒边搅拌，用大火略煮一会儿，至液面浮现蛋花，放入备好的蜂蜜，搅拌均匀，至其溶入汤汁中。3.关火后盛出蛋花汤，装入碗中即成。

花菜汤

◉难易度：★ ☆☆　◉功效：清热解毒

原料

花菜160克，骨头汤350毫升

做法

1.锅中注入适量清水烧开，倒入洗好的花菜，搅拌匀，用中火煮约5分钟至其断生，捞出沥干水分，放凉，切碎，备用。2.锅中注入少许清水烧开，倒入骨头汤，煮至沸，放入切好的花菜，搅拌均匀，烧开后用小火煮约15分钟至其入味，搅拌一会儿。3.关火后盛出煮好的汤料，装入碗中即可。

烹饪时间
Time
17分钟

枸杞党参银耳汤

烹饪时间
Time
32分钟

●难易度：★☆☆ ●功效：清热解毒

◎ 原料

水发银耳80克，枸杞8克，
党参20克

◎ 调料

冰糖15克

○ 烹饪小提示

煮银耳时要不时搅动，以免粘锅。

◎ 做法

❶ 洗净的银耳切去根部，
再切成小块，备用。

❷ 砂锅中注入适量清水烧
开，倒入备好的银耳、
党参、枸杞。

❸ 盖上盖，用小火煮至食
材熟透。

❹ 揭开盖，放入冰糖。

❺ 搅拌匀，煮至溶化，盛
出煮好的甜汤，装入碗
中即可。

枇杷虫草花老鸭汤

●难易度：★☆☆ ●功效：养心润肺

原料

鸭肉500克，虫草花30克，百合40克，枇杷叶7克，南杏仁25克，姜片25克

调料

盐2克，鸡粉2克，料酒20毫升

做法

1.洗净的鸭肉斩成小块，备用。2.锅中注水烧热，放入鸭块、料酒，煮至沸，捞出，待用。3.砂锅中注入适量清水烧开，倒入鸭块、枇杷叶、百合、南杏仁、姜片、虫草花，搅拌均匀，再放入料酒，烧开后用小火炖至食材熟透；加盐、鸡粉搅拌匀，煮至入味即可。

沙参养颜汤

●难易度：★☆☆ ●功效：美容养颜

原料

沙参20克，莲子45克，干百合25克，玉竹20克，枸杞8克，桂圆肉40克

调料

蜂蜜15克

做法

1.砂锅中注入适量清水烧开，倒入备好的材料，烧开后转小火炖1小时，至药材析出有效成分。2.倒入适量蜂蜜，搅拌片刻，使味道均匀。3.盛出炖好的药汤，装入碗中即可。

枇杷银耳汤

●难易度：★☆☆　●功效：开胃消食

烹饪时间
Time
32分钟

原 料

枇杷100克，水发银耳260克

调 料

白糖适量

烹饪小提示

将此甜品放凉后食用，效果更佳，但脾胃不好的人不宜冷冻后食用。

做 法

❶ 枇杷去除头尾，去皮，切成小块；银耳切去根部，切小块。

❷ 锅中注入适量清水烧开，倒入枇杷、银耳，搅拌均匀。

❸ 盖上盖，烧开后用小火煮至食材熟透。

❹ 揭开盖，加入白糖，用大火略煮片刻至其溶化，盛出即可。

干贝木耳玉米瘦肉汤

Time 60分钟
烹饪时间

◉难易度：★☆☆　◉功效：健脾止泻

🔖 原 料

玉米200克，去皮胡萝卜150克，瘦肉150克，水发黑木耳30克，水发干贝5克，去皮马蹄100克

🥄 调 料

盐2克

✅ 做 法

1.洗净的胡萝卜切滚刀块；洗好的玉米切段；洗净的瘦肉切块；锅中注水烧开，倒入瘦肉，氽煮片刻，捞出，装入盘中备用。2.砂锅注入适量清水，倒入瘦肉、玉米、胡萝卜、马蹄、木耳、干贝，拌匀，大火煮开转小火煮至析出有效成分。3.加入盐搅拌至入味即可。

红薯板栗排骨汤

Time 47分钟
烹饪时间

◉难易度：★☆☆　◉功效：降压降糖

🔖 原 料　红薯150克，排骨段350克，板栗肉60克，姜片少许

🥄 调 料　盐、鸡粉各2克，料酒5毫升

✅ 做 法

1.红薯洗净去皮切块；板栗肉切块；排骨段氽水。2.砂锅中注水烧开，倒入排骨、板栗肉、姜片、料酒，煮沸后用小火煮片刻。3.倒入红薯块，用小火续煮至食材熟透，加盐、鸡粉搅匀，煮至入味即成。

鲫鱼银丝汤

●难易度：★☆☆ ●功效：增强免疫力

烹饪时间 Time 20分钟

🍲 原料

鲫鱼600克，白萝卜200
克，红椒40克，姜片少许

🍶 调料

盐2克，鸡粉2克，食用油
适量

🍳 烹饪小提示

煎鲫鱼时可加入少许料酒，这样可以去除鱼腥味。

✍ 做法

① 洗好的白萝卜、红椒切
成丝，备用。

② 用油起锅，放入鲫鱼，
煎至两面呈焦黄色。

③ 放入姜片，倒入适量清
水，煮至汤汁变白。

④ 放入白萝卜丝、红椒
丝，搅拌均匀，煮约3
分钟。

⑤ 加盐、鸡粉，煮至食材
入味，盛出装碗即可。

烹饪时间
Time
92分钟

腊肉萝卜汤

◉难易度：★☆☆　◉功效：开胃消食

🥦 原 料

去皮白萝卜200克，胡萝卜块30克，腊肉300
克，姜片少许

🧂 调 料

盐2克，鸡粉3克，胡椒粉适量

🔪 做 法

1.洗净的白萝卜切厚块；腊肉切块，汆水，捞
出备用。2.砂锅中注入适量清水，倒入腊肉、
白萝卜、姜片、胡萝卜块，拌匀，大火煮开
后转小火煮90分钟至食材熟透，加入盐、鸡
粉、胡椒粉搅拌均匀至入味。3.关火后盛出煮
好的汤，装入碗中即可。

田七板栗排骨汤

◉难易度：★☆☆　◉功效：保肝护肾

🥦 原 料

排骨段270克，板栗肉160克，胡萝卜120
克，人参片、田七粉、姜片各少许

🧂 调 料

盐2克，鸡粉2克

🔪 做 法

1.洗净的板栗肉对半切开；洗好去皮的
胡萝卜切滚刀块；排骨段汆去血水。2.砂
锅中注水烧热，倒入排骨、板栗，撒上姜
片，淋入料酒，拌匀，烧开后用小火煮片
刻，倒入胡萝卜，放入人参片、田七粉，
拌匀，烧开后再用小火煮片刻，加入盐、
鸡粉拌匀，煮至食材入味。3.关火后盛出
煮好的汤料即可。

烹饪时间
Time
52分钟

冬季滋补暖身汤

参蓉猪肚羊肉汤

●难易度：★☆☆　●功效：益气补血

烹饪时间
Time
61分钟

🥘 原 料

羊肉200克，猪肚180克，当归15克，肉苁蓉15克，姜片、葱段各适量

🧂 调 料

盐2克，鸡粉2克

✒ 做 法

🍲 烹饪小提示

猪肚不易炖烂，因此，炖的时间可以长一会儿。

❶ 处理干净的猪肚、羊肉切成小块。

❷ 锅中注水烧开，倒入羊肉、猪肚、料酒，氽去血水，捞出。

❸ 砂锅注水烧开，倒入药材、食材及料酒，炖至食材熟透。

❹ 放入盐、鸡粉，略煮片刻，至食材入味，盛出装碗即可。

烹饪时间 Time **82分钟**

清炖羊肉汤

●难易度：★☆☆ ●功效：安神助眠

➡ 原 料

羊肉块350克，甘蔗段120克，白萝卜150克，姜片20克

调 料

料酒20毫升，盐3克，鸡粉2克，胡椒粉2克

做 法

1.洗净去皮的白萝卜切段；洗净的羊肉块氽去血水，捞出，沥干水分，备用。2.砂锅中注水烧开，倒入羊肉块、甘蔗段、姜片，淋入料酒，烧开后用小火炖1小时，至食材熟软，倒入白萝卜，搅拌均匀，用小火续煮至白萝卜软烂，加入少许盐、鸡粉、胡椒粉调味，搅拌入味。3.将煮好的羊肉汤盛出，装入碗中即可。

柴胡枸杞羊肉汤

●难易度：★☆☆ ●功效：保肝护肾

➡ 原 料

柴胡10克，枸杞10克，羊肉300克，姜片25克，上海青120克，姜片适量

调 料

生抽4毫升，料酒8毫升，水淀粉5毫升，盐3克，鸡汁、鸡粉、食用油各适量

做 法

1.上海青对半切开；羊肉切片装碗，加鸡粉、盐、水淀粉、食用油，腌渍至其入味。2.砂锅中注水烧开，放入柴胡，用小火煮至其析出有效成分，将药材捞干净；倒入鸡汁、盐、料酒，拌匀；撒入枸杞、姜片，放入羊肉，用中火煮至沸。3.放入上海青，拌匀，煮1分钟；淋入适量生抽，搅拌至食材入味即可。

烹饪时间 Time **30分钟**

① 将洗净的白菜、豆腐切成小块，备用。

② 砂锅中注水烧开，倒入肉丸、姜片、豆腐、木耳，拌匀。

③ 盖上盖，烧开后用小火煮15分钟。

④ 揭盖，倒入白菜，加盐、鸡粉、胡椒粉，拌至食材入味。

⑤ 盛出装入碗中，淋入芝麻油，放上葱花即可。

烹饪时间
Time
18分钟

白菜豆腐肉丸汤

●难易度：★☆☆　●功效：养心润肺

原 料

肉丸240克，水发木耳55克，大白菜100克，豆腐85克，姜片、葱花各少许

调 料

盐1克，鸡粉2克，胡椒粉2克，芝麻油适量

烹饪小提示

将木耳放入到温水中，加少许盐可以让木耳快速变软。

烹饪时间
Time
42分钟

当归玫瑰土鸡汤

◉难易度：★☆☆ ◉功效：降低血压

🍲 原 料

当归10克，玫瑰花8克，桂圆肉20克，姜片20克，鸡胸肉350克

🥄 调 料

料酒10毫升，盐3克，鸡粉2克

📖 做 法

1.洗净的鸡胸肉切块，再切成片。2.锅中注水烧开，放入鸡肉片，煮至沸，氽去血水，捞出沥干。3.砂锅中注水烧开，放入当归、玫瑰花、桂圆肉，倒入鸡肉片，淋入适量料酒，烧开后用小火煮至食材熟透；放入少许盐、鸡粉，煮至食材入味即可。

人参糯米鸡汤

◉难易度：★☆☆ ◉功效：益气补血

🍲 原 料

鸡腿肉块200克，水发糯米120克，红枣、桂皮各20克，姜片15克，人参片10克

🥄 调 料

盐3克，鸡粉2克，料酒5毫升

📖 做 法

1.洗净的鸡腿肉块氽去血渍，捞出，沥干水分，待用。2.砂锅中注入适量清水，用大火烧开；放入姜片、红枣、桂皮、人参片、肉块、糯米，搅拌匀，煮沸后用小火煮约40分钟，至食材熟透，加入少许盐、鸡粉，转中火拌煮片刻，至汤汁入味。3.关火后盛出，装入碗中即可。

烹饪时间
Time
42分钟

鸡内金羊肉汤

●难易度：★☆☆　●功效：益气补血

◉ 原 料

羊肉320克，红枣25克，鸡内金30克，姜片、葱段各少许

◉ 调 料

盐2克，鸡粉1克，料酒适量

◉ 烹饪小提示

切羊肉时，应将羊肉中的膜剔除，否则煮熟后肉膜变硬，会影响口感。

✎ 做 法

① 将洗净的羊肉切开，再切成条形，改切成丁，待用。

② 锅中注水烧开，倒入羊肉，汆去血水，捞出，沥干待用。

③ 砂锅注水烧热，下入药材、食材及料酒，煮至熟。

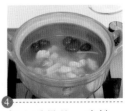

④ 加入适量盐、鸡粉，拌匀，用中小火煮至食材入味即可。

黄连阿胶鸡蛋黄汤

烹饪时间 Time 32分钟

◉难易度：★☆☆　◉功效：清热解毒

◔原　料

黄连10克，阿胶9克，黄芩3克，白芍3克，鸡蛋2个

◔调　料

白糖15克

◔做　法

1.鸡蛋打开，取蛋黄，备用。2.砂锅中注水烧开，放入洗净的黄连、黄芩、白芍，用小火煮至其析出有效成分，把药材捞出，放入阿胶，倒入蛋黄，用小火煮至其熟透，放入白糖拌匀，略煮片刻，至白糖溶化。3.把煮好的汤料盛出，装入碗中即可。

黄芪红枣鳝鱼汤

◉难易度：★☆☆　◉功效：益气补血

◔原　料

鳝鱼肉350克，鳝鱼骨100克，黄芪、红枣、姜片、蒜苗各少许

◔调　料

盐2克，鸡粉2克，料酒4毫升

◔做　法

1.洗好的蒜苗切成粒；洗净的鳝鱼肉切上网格花刀，再切段，鳝鱼骨切成段，氽去血水。2.砂锅中注水烧热，倒入备好的红枣、黄芪、姜片，用大火煮至沸，倒入鳝鱼骨，烧开后用小火煮片刻，放入鳝鱼肉，加入盐、鸡粉、料酒，拌匀，用小火煮至食材入味，撒上蒜苗，拌匀。3.关火后盛出煮好的汤料即可。

烹饪时间 Time 54分钟

烹饪时间
Time
13分钟

菠萝蜜鲫鱼汤

●难易度：★☆☆ ●功效：降低血压

🍲 原料

净鲫鱼400克，菠萝蜜果肉100克，菠萝蜜果核90克，瘦肉85克，姜片、葱花各少许

🧂 调料

盐3克，鸡粉2克，料酒6毫升，食用油适量

🍳 烹饪小提示

注入的开水以没过食材为佳，这样能保持鲫鱼的鲜味。

📋 做 法

❶ 将洗净的猪瘦肉切丁；菠萝蜜果肉切小块。

❷ 鲫鱼下油锅，用小火煎至两面呈焦黄色。

❸ 加入料酒、适量开水，倒入瘦肉丁、菠萝蜜果核及菠萝蜜果肉，加盐、鸡粉调味。

❹ 盖上盖，转小火煮至食材熟软、入味。

❺ 搅匀，盛入汤碗中，撒上葱花即成。

茼蒿鲫鱼汤

●难易度：★☆☆　●功效：降低血压

🥢 原 料

鲫鱼肉400克，茼蒿90克，姜片、枸杞各少许

🥄 调 料

盐3克，鸡粉2克，胡椒粉少许，料酒5毫升，食用油适量

🍳 做 法

1.将洗净的茼蒿切成段。2.用油起锅，倒入姜片，爆香；放入处理好的鲫鱼肉，用小火煎至两面断生；淋入料酒，注水，加入少许盐、鸡粉，放入洗净的枸杞，用大火煮至鱼肉熟软。3.倒入切好的茼蒿，撒入少许胡椒粉，搅匀，续煮至全部食材熟透即成。

黄芪当归猪肝汤

●难易度：★☆☆　●功效：益气补血

🥢 原 料　猪肝200克，党参20克，黄芪15克，当归15克，姜片少许

🥄 调 料　盐2克，料酒适量

🍳 做 法

1.洗净的猪肝切块；锅中注水烧开，倒入猪肝，淋入料酒，汆煮片刻，捞出。2.砂锅中注水，倒入猪肝、姜片、中药材，大火煮开转小火煮至食材熟软，加盐拌至入味。3.盛出煮好的汤，装入碗中即可。

羊肉胡萝卜丸子汤

◉难易度：★☆☆　◉功效：保护视力

烹饪时间
Time
20分钟

◉ 原 料

羊肉末150克，胡萝卜40克，洋葱20克，姜末少许

◉ 调 料

盐2克，鸡粉2克，生抽3毫升，胡椒粉1克，生粉、食用油各适量

◉ 烹饪小提示

在切洋葱前，把菜刀在冷水中浸泡一会儿再切，就不会刺激眼睛了。

◉ 做 法

❶ 洗净的胡萝卜切成粒；洗好的洋葱切成粒，待用。

❷ 取碗，放羊肉末、洋葱、胡萝卜及调味料，制成羊肉泥。

❸ 锅中注入适量清水烧开，加入少许盐、鸡粉，略煮。

❹ 把羊肉泥制成数个羊肉丸子，放入开水锅中，煮至熟透即可。

Part 4 寒来暑往，一碗汤羹滋味长 · **189**

猪血参芪羹

●难易度：★☆☆　●功效：增强免疫

烹饪时间
Time
53分钟

🥄 原料

猪血200克，黄芪、党参各15克，附子5克，红枣10克，水发大米80克

🍶 调料

盐2克，鸡粉3克，芝麻油少许

🍴 做法

1.洗净的猪血切成小块，备用。2.砂锅中注水烧开，倒入黄芪、附子、红枣、党参，用小火煮片刻，捞出药材，倒入大米拌匀，用小火煮至大米熟透，倒入切好的猪血，拌匀，略煮片刻；加鸡粉、盐，拌匀调味，淋入芝麻油，搅拌匀。3.盛出装入碗中即可。

细辛排骨汤

●难易度：★☆☆　●功效：清热解毒

烹饪时间
Time
60分钟

🥄 原料　细辛3克，苍耳子10克，辛夷10克，姜片20克，排骨400克

🍶 调料　盐2克，鸡粉3克，料酒10毫升

🍴 做法

1.洗净的排骨氽去血水。2.砂锅中注水烧开；倒入细辛、苍耳子、辛夷，撒入姜片，放入排骨，淋入料酒，烧开后用小火炖至排骨熟烂，加鸡粉、盐搅拌至食材入味。3.关火后将汤盛出，装入碗中即可。

做法

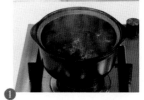

1 砂锅中注入适量清水，用大火烧开。

2 倒入备好的党参、桂圆肉、枸杞。

3 盖上盖，用小火煮约20分钟。

4 揭开盖，放入白糖，搅拌匀，煮至溶化。

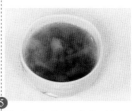

5 关火后盛出煮好的汤料，装入碗中即可。

烹饪时间
Time
22分钟

党参桂圆枸杞汤

●难易度：★☆☆　●功效：增强免疫力

原料

党参20克，桂圆肉30克，枸杞8克

调料

白糖25克

烹饪小提示

把药材装入隔渣袋，煮好后捞出，可减少汤中的杂质。

Part 5

体质不同，汤羹调养有良方

　　根据我国中医理论，大致上将体质分为9种：平和体质、阳虚体质、阴虚体质、气虚体质、痰湿体质、湿热体质、气郁体质、血瘀体质和特禀体质。这9种体质各有不同，因此在汤羹滋补调养方面也是不同的。本章中，我们分别为您介绍9种体质相对应的汤羹，希望健康和快乐与您同在。

平和体质保健汤

人参银耳汤

●难易度：★☆☆　●功效：

烹饪时间
Time
22分钟

原料

水发银耳100克，冬笋100克，上海青40克，人参片6克

调料

冰糖25克

烹饪小提示

银耳宜用开水泡发，泡发后应去掉未发开的部分，特别是那些呈淡黄色的东西。

做法

❶ 上海青洗净切成瓣；银耳切小块；冬笋去皮，切片。

❷ 砂锅中注水烧开，放入银耳、冬笋，加入人参片，搅拌均匀。

❸ 盖上盖，用小火煮20分钟至熟。

❹ 揭开盖，加入冰糖，倒入上海青，拌匀，煮至冰糖溶化即可。

燕窝四宝汤

●难易度：★★☆ ●功效：增强免疫

原 料

板栗肉60克，水发莲子70克，腰果85克，水发竹荪60克，水发燕窝少许

调 料

盐3克，鸡粉2克

做 法

1.洗好的竹荪切段。2.砂锅中注入适量清水烧开，倒入洗净的板栗，用中火煮约10分钟，倒入洗净的莲子、腰果，用小火煮约20分钟，倒入竹荪，用小火续煮约5分钟至食材熟软，放入燕窝，用小火煮约2分钟。3.加入少许盐、鸡粉拌匀，煮至入味关火后盛出煮好的汤料，装入碗中即可。

烹饪时间 Time 18分钟

姜汁红薯汤圆

●难易度：★☆☆ ●功效：保护视力

原 料

小汤圆90克，红薯120克，姜丝少许

调 料

红糖适量

做 法

1.将去皮洗净的红薯切片，再切条，改切成丁。2.砂锅中注入适量清水烧开，倒入红薯丁搅拌匀，用中火煮约5分钟，至食材断生；撒上姜丝，拌匀，放入备好的小汤圆搅散，用中小火续煮约4分钟，至食材熟透；倒入红糖，拌匀，用大火略煮，至糖分溶化。3.关火后盛出煮好的汤圆，装入碗中即成。

烹饪时间 Time 11分钟

☺ 做 法

❶ 洗净的芥菜切小段；洗好的豆腐切成小块。

❷ 洗净的猪瘦肉切片，加盐、鸡粉、水淀粉、食用油，腌渍入味。

❸ 用油起锅，倒入芥菜段，炒至断生，注水，用大火煮至沸。

❹ 倒入豆腐块，拌匀，放入肉片，煮至断生。

❺ 加鸡粉、盐、胡椒粉、芝麻油，煮入味即可。

烹饪时间 Time 4分钟

芥菜瘦肉豆腐汤

●难易度：★☆☆ ●功效：开胃消食

☺ 原 料

豆腐350克，芥菜70克，猪瘦肉80克

☺ 调 料

盐、鸡粉各3克，胡椒粉、芝麻油、食用油各适量

☺ 烹饪小提示

芥菜含有多种维生素、胡萝卜素、食用纤维等营养成分，具有解毒消肿、宽肠通便、提神醒脑、促进胃肠消化等功效。煮芥菜的时候可以放点姜，以中和其寒性。

虫草山药排骨汤

◉难易度：★☆☆　◉功效：安神助眠

原 料

排骨400克，虫草3根，红枣20克，枸杞8克，姜片15克，山药200克

调 料

盐2克，鸡粉2克，料酒16毫升

做 法

1. 去皮洗净的山药切块，切条，改切成丁。
2. 锅中注入适量清水烧开，倒入排骨，加入料酒，煮沸，去除血水，捞出，沥干水分，待用。
3. 砂锅注入适量清水烧开，放入红枣、枸杞、虫草和姜片，加入排骨，倒入山药，加热至烧开；淋入适量料酒，小火炖至熟；放盐、鸡粉，拌匀调味即可。

烹饪时间
Time
41分钟

滑子菇乌鸡汤

◉难易度：★☆☆　◉功效：补血养颜

原 料

乌鸡400克，滑子菇100克，姜片、葱花各少许

调 料

料酒8毫升，盐2克，鸡粉2克

做 法

1. 锅中注入适量清水烧开，倒入乌鸡块，搅散开，淋入适量料酒，煮沸，去除血水，捞出，沥干水分，待用。
2. 砂锅注水烧开，倒入乌鸡、姜片、滑子菇，淋入适量料酒，搅拌匀，烧开后小火炖至熟。
3. 放盐、鸡粉，拌匀调味，盛出装入汤碗中，放入葱花即可。

烹饪时间
Time
50分钟

阳虚体质调养汤

蛋花花生汤

●难易度：★☆☆●功效：益气补血

烹饪时间
Time
5分钟

○ 原 料
鸡蛋1个，花生50克

○ 调 料
盐3克

○ 做 法

◎ 烹饪小提示
花生米的红衣营养价值较高，可不用
去除。

❶ 取一碗，打入鸡蛋，搅散，制成蛋液。

❷ 锅中注水烧热，倒入花生，煮熟。加入盐，煮片刻至入味。

❸ 加入盐，再煮片刻至入味。

❹ 倒入蛋液，煮至形成蛋花，拌匀，盛出，装入碗中即可。

榴莲壳排骨汤

◉难易度：★☆☆ ◉功效：清热解毒

🍲 **原 料**

排骨400克，榴莲壳250克，葱丝少许

🥄 **调 料**

盐、鸡粉各1克，料酒10毫升

📋 **做 法**

1.榴莲壳去壳，取白色部分，切成小块。
2.锅中注水烧开，倒入洗净切好的排骨，加入料酒，氽煮一会儿，去除血水和腥味，捞出。
3.另起锅注入清水，倒入排骨、榴莲壳，加入料酒，拌匀，用大火煮开后转小火续煮2小时至食材有效成分析出，搅拌一下，加入盐、鸡粉，拌匀；盛出装碗，撒上葱丝点缀即可。

烹饪时间 Time 62分钟

当归生姜羊肉汤

◉难易度：★☆☆ ◉功效：益气补血

🍲 **原 料**

羊肉400克，当归10克，姜片40克，香菜少许

🥄 **调 料**

料酒8毫升，盐2克，鸡粉2克

📋 **做 法**

1.锅中注入适量清水烧开，倒入羊肉，搅拌匀，加入料酒，煮沸，去除血水，捞出，沥干水分，待用。2.砂锅注入适量清水烧开，倒入当归和姜片，放入羊肉，淋入料酒，搅拌匀，小火炖至羊肉软烂。
3.放盐、鸡粉，拌匀调味，夹去当归和姜片，盛出煮好的汤料装入碗中，撒上香菜即可。

烹饪时间 Time 120分钟

清炖猪腰汤

⏱ 烹饪时间
Time
62分钟

●难易度：★☆☆　●功效：保肝护肾

🍴 原 料

猪腰130克，红枣8克，枸杞、姜片各少许

🥄 调 料

盐、鸡粉各少许，料酒4毫升

🍲 烹饪小提示

猪腰的腥臊味较重，氽煮的时间可以适当长一些。

📋 做 法

❶ 将洗净的猪腰去除筋膜，切上花刀，切成片。

❷ 锅中注水烧热，放入猪腰片、料酒，大火煮至猪腰变色，捞出待用。

❸ 取炖盅，放入猪腰、红枣、枸杞、姜片、开水、料酒，盖上盖待用。

❹ 蒸锅上火烧开，放入炖盅，盖上锅盖，小火炖约1小时，取出。

❺ 加盐、鸡粉调味即可。

烹饪时间
Time
122分钟

红枣枸杞炖鹌鹑

◎难易度：★☆☆　◎功效：安神助眠

🦀 原 料

鹌鹑肉270克，高汤400毫升，枸杞、红枣、桂圆肉、姜片各少许

🧂 调 料

盐、鸡粉各2克

✂ 做 法

1.锅中注水烧开，倒入洗净的鹌鹑肉，搅匀，氽去血水，捞出，沥干水分，待用。2.取炖盅，放入鹌鹑肉，加入枸杞、红枣、桂圆肉、姜片，盛入高汤，加入适量盐、鸡粉，盖好盖，备用。3.蒸锅上火烧开，放入炖盅，盖上盖，烧开后用小火炖约2小时至熟；揭开盖，取出炖盅，待稍微放凉后即可食用。

细辛洋葱生姜汤

◎难易度：★☆☆　◎功效：养心润肺

🦀 原 料

细辛10克，姜片25克，葱条12克，洋葱300克

🧂 调 料

盐2克

✂ 做 法

1.去皮洗好的洋葱切开，切成丝，备用。2.砂锅中注入适量清水烧开，放入洗好的细辛，用小火煮15分钟，至其析出有效成分，将药材捞干净，放入备好的姜片、葱条，倒入切好的洋葱，用小火续煮15分钟，放入适量盐搅匀调味。3.将煮好的汤盛出，装入碗中即可。

烹饪时间
Time
31分钟

阴虚体质调养汤

西洋参银耳生鱼汤

●难易度：★☆☆　●功效：益气补血

烹饪时间
Time
56分钟

🔆 原 料

生鱼500克，水发银耳15克，枸杞5克，
西洋参3克，葱段、姜片各少许

🔆 调 料

盐2克，鸡粉1克，水淀粉5毫升，料酒
少许

🔆 烹饪小提示

可用盐反复搓洗生鱼表层，这样能有
效去除黏液。

🔆 做 法

❶ 洗好的银耳去黄色根部，切小块；洗净的生鱼取鱼骨，切段。

❷ 鱼肉切片，留下鱼皮，鱼肉中加盐、水淀粉腌渍入味。

❸ 倒入鱼骨、姜、葱、西洋参、银耳、料酒，煮片刻。

❹ 放入鱼肉，煮至熟。

烹饪时间
Time
40分钟

人参玉竹莲子鸡汤

◎难易度：★☆☆　◎功效：防癌抗癌

🍲 原料

人参4克，玉竹6克，水发莲子60克，鸡块350克，姜片少许

🧂 调料

料酒16毫升，盐2克，鸡粉2克

🥄 做法

1.锅中注入适量清水烧开，倒入鸡块，搅散开，淋入适量料酒，煮沸，氽去血水，捞出待用。2.砂锅注入适量清水烧开，倒入莲子、人参和玉竹，加入鸡块，淋入适量料酒，搅拌匀，盖上盖，小火炖40分钟至熟。3.揭开盖子，放入鸡粉、盐，用锅勺拌匀调味，盛出装入汤碗中即可。

桑葚牛骨汤

◎难易度：★☆☆　◎功效：保肝护肾

🍲 原料

桑葚15克，枸杞10克，姜片20克，牛骨600克

🧂 调料

盐3克，鸡粉3克，料酒20毫升

🥄 做法

1.锅中注入适量清水烧开，倒入洗净的牛骨，搅散，淋入适量料酒，煮至沸，捞出，沥干水分。2.砂锅中注入适量清水烧开，倒入氽过水的牛骨，放入洗净的桑葚、枸杞，淋入适量料酒，用小火炖2小时，至食材熟透，放入少许盐、鸡粉搅拌片刻，至食材入味。3.将炖煮好的汤料盛出，装入碗中即可。

烹饪时间
Time
124分钟

党参麦冬瘦肉汤

◉难易度：★☆☆　◉功效：美容养颜

烹饪时间 Time 62分钟

🐷 原 料

猪瘦肉350克，山药200克，
党参15克，麦门冬10克

🧂 调 料

盐、鸡粉各少许

🍵 烹饪小提示

山药可改善肌肤干燥现象，有深层滋养的功效。此外，山药还含有雌激素，能防止肌肤老化、延缓衰老，女性可经常食用。山药丁最好切得大一些，这样成品的口感不会太绵软。

✍ 做 法

❶ 将洗净的猪瘦肉切丁；洗净去皮的山药切丁。

❷ 砂锅中注水烧开，倒入洗净的党参、麦门冬。

❸ 放入瘦肉丁，撒上山药，拌匀。

❹ 烧开后用小火炖煮至食材熟透。

❺ 加入少许盐、鸡粉调味，转中火拌匀，续煮至汤汁入味即可。

玉竹党参鲫鱼汤

●难易度：★☆☆ ●功效：降低血糖

🍗 原 料

鲫鱼500克，去皮胡萝卜150克，玉竹5克，党参7克，姜片少许

🥣 调 料

盐、鸡粉各1克，料酒5毫升，食用油适量

🍲 做 法

1.洗好的胡萝卜切丝。2.砂锅中倒入食用油，放入处理干净的鲫鱼；放入姜片，加入料酒，注入清水，倒入玉竹、党参，拌匀，用大火煮开转小火煲15分钟，倒入胡萝卜，续煮10分钟至食材熟软，加入盐、鸡粉，拌匀。3.关火后盛出煮好的汤，装碗即可。

黄精山药鸡汤

●难易度：★☆☆ ●功效：养心润肺

🍗 原 料
鸡腿800克，去皮山药150克，红枣、黄精各少许

🥣 调 料
盐、鸡粉各1克，料酒10毫升

🍲 做 法

1.洗净的山药切滚刀块；洗净切好的鸡腿汆水，捞出。2.砂锅注水，倒入红枣、黄精、鸡腿，加入料酒，拌匀，煮30分钟，倒入山药，拌匀，煮20分钟，加盐、鸡粉，拌匀。3.盛出煮好的汤，装碗即可。

气虚体质调养汤

姬松茸山药排骨汤

◎难易度：★☆☆　◎功效：降低血糖

烹饪时间
Time
62分钟

🥩 原 料

排骨段300克，水发姬松茸60克，山药150克，姜片、葱段各少许

🍶 调 料

盐2克，鸡粉2克，料酒10毫升，胡椒粉适量

🍳 烹饪小提示

姬松茸可用温水泡发，这样能缩短泡发的时间。

🔪 做 法

❶ 洗净去皮的山药切开，改切成大块。

❷ 锅中注水烧开，倒入排骨段、料酒，煮至排骨变色，捞出。

❸ 砂锅注水烧开，下姜片、姬松茸、排骨、料酒、山药煮至熟。

❹ 加盐、鸡粉、胡椒粉调味，煮至食材入味，盛出，撒上葱花即可。

虫草红枣炖甲鱼

◉烹饪时间 Time 65分钟

◉难易度：★☆☆　◉功效：清热解毒

🥘 原 料

甲鱼600克，冬虫夏草、红枣、姜片、蒜瓣各少许

🧂 调 料

盐、鸡粉各2克，料酒5毫升

🍳 做 法

1.砂锅中注入适量清水烧开，倒入洗净的甲鱼块。2.放入洗好的红枣、冬虫夏草，放入姜片、蒜瓣，拌匀，盖上盖，用大火煮开后转小火续煮1小时至食材熟透，揭盖，加入盐、料酒，拌匀，放入鸡粉，拌匀。3.关火后盛出煮好的甲鱼汤，装入碗中，待稍微放凉后即可食用。

党参豆芽尾骨汤

◉难易度：★☆☆　◉功效：益气补血

🥗 原 料

党参10克，西红柿100克，姜片少许，猪尾骨500克，黄豆芽100克

🧂 调 料

料酒16毫升，盐2克，鸡粉2克

🍳 做 法

1.洗好的西红柿切成块；洗净的猪尾骨氽去血水，捞出，待用。2.砂锅中注水烧开，倒入洗好的党参、姜片、猪尾骨、料酒，烧开后用小火煮40分钟，放入西红柿块、黄豆芽、鸡粉、盐拌匀调味，煮2分钟至食材入味。3.关火后盛出煮好的汤料，装入汤碗中即可。

◉烹饪时间 Time 44分钟

虫草香菇排骨汤

●难易度：★☆☆　●功效：增强免疫力

烹饪时间
Time
125分钟

📍 原 料

排骨300克，水发香菇10克，冬虫夏草10克，红枣8克

📋 调 料

盐、鸡粉各2克，料酒10毫升

📍 烹饪小提示

可以放入少许姜片一起煮制，这样有助于去除腥味。

🥄 做 法

❶ 锅中注水烧开，放入洗净的排骨，淋入料酒，汆去血水。

❷ 捞出汆煮好的排骨，装盘，砂锅置火上。

❸ 倒入排骨、红枣、冬虫夏草、清水、料酒、香菇，煮至熟。

❹ 加盐、鸡粉，拌匀；盛出装碗，待稍微放凉后即可食用。

烹饪时间
Time
62分钟

人参煲乳鸽

◉难易度：★☆☆　◉功效：美容养颜

🍲 原料

乳鸽肉350克，红枣25克，姜片、人参片各10克

🧂 调料

盐3克，鸡粉、胡椒粉各少许，料酒8毫升

🥄 做法

1.洗净的乳鸽肉汆去血渍，捞出待用。2.砂锅中注水烧开，倒入汆过水的乳鸽肉，撒上姜片，放入洗净的红枣、人参片，搅拌匀，淋入料酒，煮沸后用小火煮约60分钟，至食材熟透，加鸡粉、盐、胡椒粉，拌匀调味；转中火略煮片刻，至汤汁入味。3.关火后盛出煮好的乳鸽汤，装入汤碗中即可。

胡萝卜板栗排骨汤

◉难易度：★☆☆　◉功效：增强免疫

🍲 原料

排骨段300克，胡萝卜120克，板栗肉65克，姜片少许

🧂 调料

料酒12毫升，盐2克，鸡粉2克，胡椒粉适量

🥄 做法

1.洗净去皮的胡萝卜切成小块；洗净的排骨汆去血水。2.砂锅中注水烧开，倒入排骨、姜片、板栗肉、料酒，搅拌均匀，烧开后用小火煮约30分钟，倒入胡萝卜，搅匀，用小火续煮25分钟至食材熟软，加入盐、鸡粉、胡椒粉，煮至食材入味。3.关火后盛出煮好的汤料，装入碗中即可。

烹饪时间
Time
57分钟

痰湿体质调养汤

玉米须芦笋鸭汤

●难易度：★☆☆　●功效：降低血糖

烹饪时间
Time
42分钟

原料

鸭腿200克，玉米须30克，芦笋70克，姜片少许

调料

料酒8毫升，盐2克，鸡粉2克

烹饪小提示

芦笋入汤后，煮时间久了口感不脆，而且影响翠绿色泽。

做法

❶ 洗净的芦笋切段，鸭腿斩件，斩成小块。

❷ 锅中注水烧开，倒入鸭腿块，放入料酒，汆去血水，捞出。

❸ 砂锅注水烧开，放入姜、鸭腿块、玉米须，淋入料酒，炖熟。

❹ 倒入芦笋，加入鸡粉、盐，拌匀调味，盛出，装盘即可。

黑豆玉米须瘦肉汤

●难易度：★☆☆　●功效：保肝护肾

烹饪时间 Time 42分钟

🍲 原料

水发黑豆100克，瘦肉80克，玉米须8克，姜片、葱花各少许

🥣 调料

盐、鸡粉各少许，料酒4毫升

🥄 做法

1.将洗净的瘦肉切片，再切条形，氽去血水。2.砂锅中注水烧热，倒入氽过水的瘦肉；放入洗净的黑豆，倒入备好的玉米须；撒上姜片，淋入少许料酒，搅拌匀，烧开后用小火煮至食材熟透，加入少许盐、鸡粉，拌匀调味。3.关火后盛出煮好的汤料，装入碗中，撒上葱花即成。

茯苓鳝鱼汤

●难易度：★☆☆　●功效：防癌抗癌

🍲 原料

茯苓10克，姜片20克，鳝鱼200克，水发茶树菇100克

🥣 调料

盐2克，鸡粉2克，料酒10毫升

🥄 做法

1.处理好的鳝鱼切成段，洗好的茶树菇切去根部，备用。2.砂锅中注水烧开，放入茯苓、茶树菇，用小火煮15分钟，至药材析出有效成分，放入鳝鱼段、姜片，淋入料酒，拌匀，用小火煮15分钟，至食材熟透，放入少许盐、鸡粉搅拌入味。3.关火后盛出煮好的汤料，装入碗中即可。

烹饪时间 Time 31分钟

🥄 做 法

❶ 洗净的西红柿切成瓣，待用。

❷ 砂锅中注入适量清水，用大火烧热。

❸ 倒入西红柿、绿豆芽，加入少许盐。

❹ 搅拌匀，略煮一会儿至食材入味。

❺ 关火后将煮好的汤料盛入碗中即可。

烹饪时间
Time
2分钟

西红柿豆芽汤

◉难易度：★☆☆　◉功效：开胃消食

🍴 原 料

西红柿50克，绿豆芽15克

🧂 调 料

盐2克

💡 烹饪小提示

西红柿能生津止渴、健胃消食，故对止渴、食欲不振有很好的辅助治疗作用。绿豆芽不宜煮太久，以免失去其爽脆的口感。

山楂薏米水

◎难易度：★☆☆ ◎功效：降低血压

◎ 原 料

新鲜山楂50克，水发薏米60克

◎ 调 料

蜂蜜10克

◎ 做 法

1.洗好的山楂切开，去核，切成小块，备用。
2.砂锅置火上，注入适量清水，用大火烧开，倒入洗好的薏米，加入切好的山楂，搅拌匀，盖上盖，用小火煮20分钟；揭开盖子，搅拌片刻。3.将煮好的薏米水滤入碗中，倒入蜂蜜即可。

薏米莲藕排骨汤

◎难易度：★☆☆ ◎功效：降低血脂

◎ 原 料

去皮莲藕200克，水发薏米150克，排骨块300克，姜片少许

◎ 调 料

盐2克

◎ 做 法

1.洗净的去皮莲藕切块；锅中注入适量清水烧开，倒入排骨块，汆煮片刻，捞出汆煮好的排骨块，沥干水分，装盘待用。
2.砂锅中注入适量清水，倒入排骨块、莲藕、薏米、姜片，拌匀，大火煮开转小火煮3小时至析出有效成分，加入盐搅拌片刻至入味。3.关火，盛出煮好的汤，装入碗中即可。

湿热体质调养汤

苦瓜菊花汤

◉难易度：★☆☆　◉功效：增强免疫

◉原料

苦瓜500克，菊花2克

烹饪时间 Time 2分钟

◎ 烹饪小提示

苦瓜的瓜瓤一定要刮干净，不然味道会太苦。

◉ 做法

① 洗净的苦瓜对半切开刮去瓤籽，切块。

② 砂锅中注入适量的清水大火烧开。

③ 倒入苦瓜，搅拌片刻，倒入菊花。

④ 搅拌片刻，煮开后略煮一会儿至食材熟透，盛出装碗即可。

金银花白菊萝卜汤

◉难易度：★☆☆　◉功效：清热解毒

◉ 原 料

金银花8克，菊花8克，白萝卜200克，葱花
少许

◉ 调 料

盐2克，食用油适量

◉ 做 法

1.洗净去皮的白萝卜切开，切成段，再切成
片。2.砂锅中注入适量清水烧开，倒入洗净
金银花、菊花，放入白萝卜片，搅匀，用小
火煮15分钟，至食材熟软，放入少许盐，搅
拌均匀，淋入少许食用油略搅片刻。3.关火
后盛出煮好的汤料，装入碗中，待稍微放凉
后即可食用。

鱼腥草金银花瘦肉汤

◉难易度：★☆☆　◉功效：清热解毒

◉ 原 料

猪瘦肉240克，金银花、白茅根、鱼腥草
各少许

◉ 调 料

盐2克，鸡粉2克

◉ 做 法

1.洗净的瘦肉切薄片，再切小块，倒入沸
水锅中，拌匀，去除血渍，捞出，沥干水
分，待用。2.砂锅中注入适量清水烧热，
倒入金银花、白茅根、鱼腥草，放入肉
片，烧开后用小火煲约30分钟，滤出药
材，加盐、鸡粉，拌匀调味。3.关火后盛
出瘦肉汤即可。

鲫鱼苦瓜汤

●难易度：★☆☆　●功效：健脾止泻

🕐 烹饪时间
Time
7分钟

🍖 原料

净鲫鱼400克，苦瓜150克，姜片少许

🧂 调料

盐2克，鸡粉少许，料酒3毫升，食用油适量

💡 烹饪小提示

鲫鱼有和中开胃、活血通络、温中下气之功效。煎鲫鱼时，油可以适量多放一点，这样能避免将鱼肉煎老了。

🔪 做 法

❶ 将洗净的苦瓜对半切开，去瓤，再切成片。

❷ 油锅爆香姜片，放入鲫鱼，煎至两面断生。

❸ 淋上料酒，再注入清水，加入鸡粉、盐。

❹ 放入苦瓜片，盖上锅盖，煮至食材熟透。

❺ 取下锅盖，搅动几下；盛出苦瓜汤，放在碗中即可。

烹饪时间
Time
6分钟

苦瓜银耳汤

◉难易度：★☆☆ ◉功效：降压降糖

🥗 原 料

| 苦瓜200克，水发银耳150克，葱花少许

🧂 调 料

| 盐、鸡粉各2克，食用油适量

🍳 做 法

1.将洗净的苦瓜切成片；洗好的银耳切去淡黄色的根部，再切成小朵，氽水。2.用油起锅，放入苦瓜片用大火快速翻炒匀，至其变软，注入适量清水，煮约1分钟，倒入焯煮过的银耳，加入盐、鸡粉，搅拌匀，用中火煮约3分钟，至食材熟透。3.盛出煮好的银耳汤，装在汤碗中，撒上葱花即成。

绿豆知母冬瓜汤

◉难易度：★☆☆ ◉功效：健脾止泻

🥗 原 料

| 冬瓜240克，水发绿豆60克，知母少许

🧂 调 料

| 盐、鸡粉各2克

🍳 做 法

1.洗净的冬瓜切块，备用。2.砂锅中注入适量清水烧热，倒入备好的绿豆、知母、冬瓜，拌匀，盖上盖，烧开后用小火煮约30分钟至食材熟透。3.揭开盖，放入少许盐、鸡粉，拌匀，煮至食材入味。4.关火后盛出煮好的汤料即可。

烹饪时间
Time
36分钟

气郁体质调养汤

陈皮红豆鸡腿煲

◉难易度：★☆☆　◉功效：益气补血

烹饪时间
Time
61分钟

原料

水发红豆100克，红枣10克，鸡腿块200克，陈皮2克

调料

盐2克，鸡粉3克，料酒适量

烹饪小提示

陈皮泡好后可用刀刮去白色部分，能减轻苦味。

做法

❶ 锅中注水烧开，放入洗净的鸡腿块，略煮，捞出。

❷ 砂锅中注水，倒入红豆、红枣、鸡腿，淋入料酒。

❸ 放入洗净的陈皮，拌匀，煮熟，放入盐、鸡粉，拌匀。

❹ 关火后盛出煮好的汤料，装入碗中即可。

佛手郁金炖乳鸽

◉难易度：★☆☆　◉功效：增强免疫

原 料

佛手15克，郁金10克，枸杞8克，姜片、葱条各少许，乳鸽一只

调 料

盐2克，鸡粉2克，料酒10毫升

做 法

1.锅中注入适量清水烧热，放入处理干净的乳鸽，汆去血水，捞出，沥干水分，备用。2.砂锅注水烧开，放入备好的药材，加入姜片、葱条，放入乳鸽、料酒，烧开后用小火炖至食材熟透，放入少许盐、鸡粉搅拌均匀，略煮片刻，至食材入味，挑出汤中的葱条。3.关火后盛出煮好的食材，装入汤碗中即可。

烹饪时间 Time 61分钟

陈皮红豆鲤鱼汤

◉难易度：★☆☆　◉功效：健脾止泻

原 料

鲤鱼肉350克，红豆60克，姜片、葱段、陈皮各少许

调 料

盐、鸡粉各2克，料酒4毫升，食用油适量

做 法

1.用油起锅，放入洗净的鲤鱼肉，轻轻移动鱼身，用中小火煎一会儿，至两面断生，撒上姜片。2.注入适量开水，倒入洗净的红豆，撒上葱段，淋入适量料酒，放入洗净的陈皮，搅拌匀，烧开后用小火煮至食材熟透。3.撇去浮沫，加入盐、鸡粉，拌匀，略煮片刻至食材入味，盛出煮好的鲤鱼汤，装入碗中即成。

烹饪时间 Time 28分钟

○ 做法

1 用油起锅，放入姜片，炒香；放入处理干净的鲫鱼，煎出香味。

2 翻面，煎至鲫鱼呈焦黄色即可。

3 倒入适量清水，放入备好的肉豆蔻、陈皮

4 加入少许盐、鸡粉，拌匀调味。

5 盖上盖，用小火煮至食材熟透；盛出，装入碗中，放入葱段即可。

烹饪时间
Time
22分钟

豆蔻陈皮鲫鱼汤

◎难易度：★☆☆ ◎功效：增强免疫

○ 原料

鲫鱼450克，肉豆蔻15克，陈皮10克，姜片、葱段各适量

○ 调料

盐2克，鸡粉2克，食用油适量

○ 烹饪小提示

鲫鱼所含的蛋白质质优、齐全、易于消化吸收，是肝肾疾病、心脑血管疾病患者的良好蛋白质来源，常食可增强机体抗病能力。可以在鲫鱼肚里塞入两片姜，这样可以更好地去除腥味。

丝瓜豆腐汤

●难易度：★☆☆ ●功效：美容养颜

○原料

豆腐250克，去皮丝瓜80克，姜丝、葱花各少许

○调料

盐、鸡粉各1克，陈醋5毫升，芝麻油、老抽各少许

○做法

1.洗净的丝瓜切厚片；洗好的豆腐切厚片，切粗条，改切成块。2.沸水锅中倒入备好的姜丝；放入切好的豆腐块；倒入切好的丝瓜，稍煮片刻至沸腾；加入盐、鸡粉、老抽、陈醋，将材料拌匀，煮约6分钟至熟透。3.关火后盛出煮好的汤，装入碗中，撒上葱花，淋入芝麻油即可。

佛手合欢猪肝汤

●难易度：★☆☆ ●功效：安神助眠

○原料

合欢皮12克，佛手10克，猪肝200克，姜片20克，蒜片、葱段各少许

○调料

料酒10毫升，盐2克，鸡粉2克

○做法

1.处理洗净的猪肝切成片，氽去血水。2.砂锅中注水烧开，放入备好的合欢皮、佛手，撒入姜片，放入蒜片，倒入猪肝，淋入适量料酒，烧开后用小火煮30分钟，放入少许盐、鸡粉搅拌均匀，至食材入味。3.盛出煮好的猪肝汤，装入碗中，放入葱段即可。

血瘀体质调养汤

木耳田七猪肝汤

◉难易度：★☆☆　◉功效：益气补血

◉烹饪时间
Time
3小时

原 料

猪肝165克，水发木耳45克，田七、蜜枣、葱花各少许

调 料

料酒4毫升，盐2克，鸡粉2克，胡椒粉3克

烹饪小提示

猪肝有增强免疫力、改善缺铁性贫血、保护视力等功效。猪肝宜切厚片，这样吃起来比较有弹性。

做 法

❶ 洗好的猪肝切片。

❷ 锅中注水烧开，倒入猪肝，淋入料酒，汆去血水，捞出。

❸ 砂锅注水烧热，放蜜枣、田七、猪肝、木耳、料酒，煮至熟。

❹ 加盐、鸡粉、胡椒粉，调味，盛出，撒上葱花即可。

川芎党参炖鸡蛋

◉难易度：★☆☆　◉功效：增强免疫

原料

熟鸡蛋2个，川芎15克，党参10克，阿胶5克

做法

1.将备好的川芎和党参放入隔渣袋中，扎紧袋口，备用。2.砂锅中注入适量清水，放入隔渣袋，盖上盖，煮15分钟至药材析出有效成分，揭开盖，放入熟鸡蛋，倒入阿胶，略搅几下，盖上盖，煮5分钟至阿胶溶化，揭盖，取出隔渣袋。3.关火后将煮好的汤料盛出，装入碗中即可。

烹饪时间 Time 22分钟

益母草炖蛋

◉难易度：★☆☆　◉功效：增强免疫

原料

鸡蛋2个，益母草20克，红枣15克

调料

红糖35克

做法

1.取一个纱袋，放入益母草，系紧袋口，制成药袋，备用。2.砂锅中注入适量清水烧热，放入药袋，倒入红枣，搅拌片刻，烧开后用小火煮约20分钟至药材析出有效成分，拣出药袋，打入鸡蛋，用大火煮熟，加入适量红糖，搅匀，煮至溶化。3.关火后盛出炖煮好的鸡蛋即可。

烹饪时间 Time 21分钟

1 锅中注水烧开，倒入土鸡块，拌匀，淋入料酒，汆去血水。

2 捞出，沥干水分。

3 砂锅注入适量水烧热，倒入人参、田七、红枣、姜片。

4 放入土鸡肉，淋入料酒，拌匀，烧开后用小火炖煮至熟。

5 放入枸杞，加入盐、鸡粉，拌匀调味即可。

烹饪时间
Time
48分钟

人参田七炖土鸡

⦿难易度：★☆☆ ⦿功效：益气补血

🥩 原料

土鸡块320克，人参、田七、红枣、姜片、枸杞各少许

🧂 调料

盐、鸡粉各2克，料酒6毫升

⦿ 烹饪小提示

人参中含有多种人参皂苷、有机酸、维生素、微量元素等，具有大补元气、补脾益肺、生津止渴、安神益智等功效。土鸡先用油炒一下再炖，会增加汤汁的香味。

烹饪时间
Time
63分钟

四味乌鸡汤

◉难易度：★☆☆　◉功效：益气补血

🍲 原 料

乌鸡肉35克，红枣30克，当归10克，黄芪10克，党参15克，姜片、葱花各少许

🥄 调 料

料酒少许，盐2克，鸡粉2克

🥄 做 法

1.锅中注水烧开，倒入洗净的乌鸡肉，汆去血水，捞出待用。2.砂锅中注水烧开，放入备好的药材、红枣，倒入乌鸡肉，加入姜片，淋入适量料酒，烧开后用小火炖煮约1小时至食材熟透，加入少许盐、鸡粉搅拌均匀至其入味。3.关火后盛出煮好的汤料，装入碗中，撒入葱花即可。

酸甜李子饮

◉难易度：★☆☆　◉功效：清热解毒

🍲 原 料

李子120克，雪梨80克

🥄 调 料

冰糖30克

🥄 做 法

1.洗净的李子切取果肉，待用；洗好的雪梨切开，去核，切成小瓣，去皮，把果肉切成小块，备用。2.砂锅中注入适量清水烧开，倒入李子、雪梨，拌匀，烧开后用小火煮约20分钟至食材熟透，倒入冰糖搅拌匀，用大火煮至溶化。3.关火后盛出煮好的李子饮即可。

烹饪时间
Time
0分钟

特禀体质调养汤

薄荷椰子杏仁鸡汤

●难易度：★☆☆　●功效：增强免疫

烹饪时间
Time
62分钟

原 料

鸡腿肉250克，椰浆250毫升，杏仁5克，薄荷叶少许

调 料

盐2克，鸡粉2克，料酒适量

烹饪小提示

鸡肉含具有增强免疫力、温中益气、强筋壮骨等功效。若怕油腻，可以把鸡皮去掉后再煮。

做 法

❶ 洗净的薄荷叶切碎，待用。

❷ 锅中注水烧开，倒入鸡肉块，淋入料酒，略煮，捞出。

❸ 砂锅注水烧开，下椰浆、鸡肉、杏仁、薄荷叶、料酒，煮熟。

❹ 加入盐、鸡粉，拌匀调味，盛出煮好的汤料，装入碗中即可。

烹饪时间 Time 33分钟

黄芪鲈鱼

◎难易度：★☆☆ ◎功效：保肝护肾

◎ 原 料

鲈鱼1条，水发木耳45克，黄芪15克，姜片25克，葱花少许

◎ 调 料

盐3克，鸡粉2克，胡椒粉少许，料酒10毫升

◎ 做 法

1.洗好的木耳切小块，备用。2.砂锅中注水，放入洗净的黄芪，烧开后用小火炖15分钟，备用。3.用油起锅，倒入姜片，放入处理干净的鲈鱼，煎至金黄色，淋入料酒，加水，倒入砂锅中的药汁，放入木耳，用小火煮15分钟，放盐、鸡粉、胡椒粉搅拌匀，煮至入味，装入碗中，放入葱花即可。

雪梨苹果山楂汤

◎难易度：★☆☆ ◎功效：降低血压

◎ 原 料

苹果100克，雪梨90克，山楂80克

◎ 调 料

冰糖40克

◎ 做 法

1.将洗净的雪梨、苹果切瓣，去核，把果肉切成块；洗净的山楂去除头尾，对半切开，去核，再切成小块。2.砂锅中注入适量清水烧开，倒入切好的食材，搅拌匀，用大火煮沸，再盖上盖，转小火煮约3分钟，至食材熟软，倒入备好的冰糖，搅拌匀，用中火续煮至糖分溶化。3.关火后盛出煮好的山楂汤，装入汤碗中即成。

烹饪时间 Time 2分钟

❶ 洗好的竹荪切段；玉兰片切成小段。

❷ 洗净的丝瓜切成滚刀块，备用。

❸ 砂锅中注水烧热，倒入高汤，放入莲子、玉兰片，煮约10分钟。

❹ 倒入丝瓜、竹荪，续煮至食材熟透。

❺ 加入适量盐、鸡粉，拌匀调味，盛出煮好的汤料即可。

烹饪时间
Time 26分钟

竹荪莲子丝瓜汤

◉难易度：★☆☆ ◉功效：清热解毒

🥢 原料

丝瓜120克，玉兰片140克，水发竹荪80克，水发莲子120克，高汤300毫升

🧂 调料

盐、鸡粉各2克

💡 烹饪小提示

丝瓜含有蛋白质、维生素B1、维生素C、钙、磷、铁等营养成分，具有清热解毒、解暑除烦、通经活络等功效。丝瓜皮的营养较多，可以不用去皮。

烹饪时间 Time 49分钟

肉丝黄豆汤

◉难易度：★☆☆　◉功效：增强免疫

原料

水发黄豆250克，五花肉100克，猪皮30克，葱花少许

调料

盐、鸡粉各1克

做法

1. 洗净的猪皮切条；洗好的五花肉切片，改刀切丝。2. 砂锅中注水，倒入猪皮条，加上盖，用大火煮15分钟，揭盖，倒入泡好的黄豆，拌匀，加盖，煮约30分钟至黄豆熟软，揭盖，放入切好的五花肉、盐、鸡粉，拌匀，加盖，稍煮3分钟至五花肉熟透。3. 关火后盛出煮好的汤，撒上葱花即可。

红豆红薯汤

◉难易度：★☆☆　◉功效：益气补血

原料

水发红豆20克，红薯200克

调料

白糖4克

做法

1. 将洗净去皮的红薯切成薄片，切成条，改切成丁，备用。2. 砂锅中注入适量清水烧开，倒入洗净的红豆，拌匀，煮开后调至中小火，煮40分钟至食材熟软，倒入红薯，拌匀，调至小火，煮至红薯熟透，加入适量白糖搅拌均匀，煮至白糖完全溶化。3. 关火后盛出煮好的汤料即可。

烹饪时间 Time 1小时

百合香蕉饮

●难易度：★☆☆　●功效：增强免疫

烹饪时间
Time
17分钟

○ 原 料

鲜百合85克，香蕉100克

○ 调 料

冰糖适量

○ 烹饪小提示

做好的百合香蕉饮入冰箱冷藏后再饮用口感更佳。

✎ 做 法

❶ 将香蕉剥去果皮，果肉切段，再切条，改切成小块。

❷ 砂锅中注水烧开，倒入洗净的百合、香蕉，搅拌均匀。

❸ 盖上盖，烧开后用小火煮至熟。

❹ 揭盖，放入冰糖，搅拌匀，煮至溶化；盛出，装入碗中即可。

金针菇瘦肉汤

●难易度：★☆☆ ●功效：增强免疫

烹饪时间
Time
4分30秒

原料
金针菇200克，猪瘦肉120克，姜片、葱花各少许

调料
盐2克，鸡粉2克，料酒4毫升，胡椒粉适量

做法
1.洗净的猪瘦肉切片，锅中注入清水烧开，倒入瘦肉、料酒，氽去血水，捞出待用。 2.锅中注入清水烧开，倒入氽过水的瘦肉，放入姜片，大火略煮片刻，倒入金针菇，煮沸。3.加入盐、鸡粉、胡椒粉，搅拌均匀至食材入味，关火后盛出煮好的瘦肉汤，装入碗中即可。

山药胡萝卜炖鸡块

●难易度：★★☆ ●功效：增强免疫

原料
鸡肉块350克，胡萝卜120克，山药100克，姜片少许

调料
盐2克，鸡粉2克，胡椒粉、料酒各少许

做法
1.洗净去皮的胡萝卜、山药切滚刀块。2.锅中注入清水烧开，倒入鸡肉块、料酒，氽去血水，捞出备用。3.砂锅中注入清水烧开，倒入鸡块、姜片、胡萝卜、山药，淋入料酒，烧开后小火煮45分钟至食材熟透，加入盐、鸡粉、胡椒粉，拌匀调味，关火后盛出即可。

烹饪时间
Time
46分钟

白萝卜肉丝汤

◉难易度：★☆☆　◉功效：清热解毒

烹饪时间
Time
5分钟

🍴 原料

白萝卜150克，瘦肉90克，姜丝、葱花各少许

🍶 调料

盐2克，鸡粉2克，水淀粉、食用油各适量

💭 烹饪小提示

白萝卜不能煮太久，以免口感过于软绵，营养成分也会流失。

🍴 做法

❶ 把洗净去皮的白萝卜切丝，洗好的瘦肉切丝。

❷ 肉丝装碗，加盐、鸡粉、水淀粉、食用油，腌渍至入味。

❸ 用油起锅，下姜丝、白萝卜丝、清水、盐、鸡粉，拌匀。

❹ 煮沸后再煮片刻；放入肉丝，煮至熟，盛出，撒上葱花即可。